“鸟人”应该知道的鸟问题

THE BIRD WATCHING ANSWER BOOK

［美］劳拉·埃里克森◎著
（Laura Erickson）

杨萌 吴倩◎译

著作权合同登记号 图字：01-2016-6195
图书在版编目 (CIP) 数据

“鸟人”应该知道的鸟问题 /（美）劳拉·埃里克森著；杨萌，吴倩译. — 北京：北京大学出版社，2020. 7
（博物文库. 自然博物馆丛书. 第二辑）
ISBN 978-7-301-31231-5

Ⅰ. ①鸟… Ⅱ. ①劳… ②杨… ③吴… Ⅲ. ①鸟类－普及读物
Ⅳ. ①Q959.7-49

中国版本图书馆CIP数据核字（2020）第023206号

书　　名	“鸟人”应该知道的鸟问题 “NIAOREN”YINGGAI ZHIDAO DE NIAO WENTI
著作责任者	［美］劳拉·埃里克森（Laura Erickson）　著　杨萌　吴倩　译
策划编辑	周志刚
责任编辑	刘清愔　王　彤
标准书号	ISBN 978-7-301-31231-5
出版发行	北京大学出版社
地　　址	北京市海淀区成府路 205 号　100871
网　　址	http://www.pup.cn　新浪微博：@ 北京大学出版社
微信公众号	通识书苑（微信号：sartspku）　科学元典（微信号：kexueyuandian）
电子邮箱	编辑部 jyzx@ pup.cn　总编室 zpup@ pup.cn
电　　话	邮购部 010-62752015　发行部 010-62750672　编辑部 010-62753056
印 刷 者	天津裕同印刷有限公司
经 销 者	新华书店
	880 毫米 ×1230 毫米　A5　12 印张　226 千字 2020 年 7 月第 1 版　2024 年 9 月第 3 次印刷
定　　价	64.00 元

给我的孩子们，
和全世界满脑子问题的人们。

致 谢

没有康奈尔鸟类学实验室（Cornell Lab of Ornithology）的资源和专家的支持，这本书不可能与大家见面。实验室的科学家们一直以来对我的问题有求必应，耐心解答，让我十分感动！我要特别感谢那些阅读本书初稿并给予建议的专家们，他们的帮助极大地提高了本书的品质。书中任何错漏之处皆系本人之责。

我还要特别感谢康奈尔鸟类学实验室的外联主任朱美代子（Miyoko Chu），她非常热心地和所有人分享实验室的科研成果和教学资源，这些工作已经远远超出了她的工作职责。她是我遇到过的最有感染力、最无私、最乐于助人的导师之一。

康奈尔鸟类学实验室是一家非营利性的会员制机构，致力于通过最先进的科学和技术方法解决鸟类和其他野生动物所面临的严重问题，并希望影响各年龄段和各种背景的人，一起关心和保护我们所生活的这个星球。获取更多关于实验室的详细信息，请访问www.birds.cornell.edu。

目 录

前　言

“为什么那只冠蓝鸦秃顶了？”“为什么这只啄木鸟在我家房子上面啄洞？”“我怎么做才能把主红雀吸引到我家的院子里面？”“这些雁鹅都是从哪里来的？”“鸟的羽毛是如何指认凶手的？”

过去三十年我一直在写关于鸟的文章和书，在广播节目中讲鸟也有二十多年了，从一开始人们就在不停地问我问题。鸟既漂亮又令人着迷，有一些鸟在我们的后院就很容易见到，而另外一些值得我们长途旅行到国外，哪怕只为悄悄地瞥上一眼它们的身姿。基于美国鱼类和野生动物保护局（U.S. Fish and Wildlife Service）在2005年的一项调查，美国有7100多万人参与观看野生动物的活动，并且自2000年以来每年以8%的速率递增。仅2005年一年，美国人用于观看野生动物的花费就超过了45亿美元，这些钱主要用于“近距离观察、拍摄，和/或饲喂野生动物”。视频网站上一个热带鸟（红顶娇鹟）“月球漫步”一般的求偶炫耀视频，点击量竟有数百万次。也许因为我们这个世界变得越来越数字化、机械化，我们越来越渴望体验自然，尤其渴望体验鸟类的生活。

在所有野生动物当中，鸟是日常生活中我们最关注的物种。即使我们没有喂食器，也没有特别关注自然，我们仍然会不由自主地注意到二月霜冻的清晨传来的主红雀的歌声，鸭子们漂浮在

公园的池塘中，雁鹅们在高尔夫球练习场草坪上挡住人的去路。有超过700种野生鸟在北美地区繁殖，从蜂鸟到雕，从草原松鸡到广场鸽。每一个物种都是独一无二的，当我们遇到一个不常见的种类，或者看到一种常见鸟的不常见行为，我们除了惊讶还是惊讶。

我们和鸟类的有些相遇尤其不可思议。比如在窗台上发现一个旅鸫的巢，或者偶然遇到一只小小的蜂鸟在求偶炫耀，一次一次地俯冲，嗡嗡嗡地用力扇动翅膀。或者在内布拉斯加州普拉特河上凝视着数以万计的鹤在落日余晖中降落、栖息。或者坐在船上看着好多北极海鹦从头顶掠过，飞向它们的巢区，每一只的嘴里都衔着一排12条小鱼。再或者在黄石国家公园的野餐桌上准备早餐时，灰噪鸦和暗冠蓝鸦落到热炉灶上面争相分抢培根。

不管我们与鸟类相遇的经历是在家里还是异域，是美好还是异乎寻常，是兴奋还是不太愉快，它们都会带给我们惊奇和疑问。得益于康奈尔鸟类学实验室的资源和研究人员的帮助，我重新整理了这些鸟类问题。希望这本书能够回答你绝大部分的问题，并能鼓舞你更多地到大自然中去观察鸟类，发现更多的问题，并最终自己找到答案！

劳拉·埃里克森（Laura Erickson）

—— 第一部分 ——

“人人为鸟”：喂食、观察和保护这些身穿羽衣的朋友们

—— 第一章 ——

猜一猜谁会来享用大餐？喂食鸟类的艺术

2006年，美国人在为野生鸟类购买食物和投喂其他野生动物上面花费了大约40亿美元。与之相比，同一年，美国人在等离子电视设备上面花费了71亿美元，在瓶装水上面花费了110亿美元，在家庭影院和电脑游戏上面花费了134亿美元，在DVD租赁和购买上面花费了241亿美元，在婚礼上面花费了585亿美元。尽管看起来比不过其他开销，但那仍然是非常巨大的鸟食购买量。

人们辛辛苦苦挣了钱去饲喂鸟类是希望这样做可以帮助它们，而不是给它们带来伤害。人们当然希望把食物更多地给那些更适于观赏的鸟类，比如山雀和主红雀。很多人觉得松鼠和黑色的鸟令人讨厌。而在有些社区，如果某些人的喂食器招引来了鸽子，他是要被处罚的。这样看来，每年我都能收到上千个鸟类喂食相关的问题就不足为奇了！

^v^v^v^v^v^v^v^v^v^v^v^v^v^v^v^v^v^v^v^v^v^v^v^v^v^v^v^v^v^v^v^v^v^v^v^v^

喂食庭院中的鸟

Q 我喜欢在冬季观赏那些来喂食器取食的鸟，但同时我也担心这样做会让它们越来越依赖我。我是否应该继续给鸟类喂食呢？

A 可以继续。在威斯康星州开展的一项研究收集了348只彩环标记的黑顶山雀的数据，发现这些黑顶山雀只有21%的日常能量摄入来源于喂食器。研究推断，尽管来源于自然的食物为鸟类提供了绝大部分的能量，但喂食器食物作为补充仍十分必要。这项研究还发现，到喂食器取食的黑顶山雀更有可能度过严酷的寒冬，存活下来。因此，你设置的喂食器可以帮助鸟类在艰苦时期好过一些，但即使定时到喂食器取食，它们仍然知道如何从自然中获取食物。

Q 在春、夏、秋三个季节投喂鸟类看起来并不是个好主意。这么做会不会让它们变得只知道乞食，并且影响它们的迁徙愿望？

A 不会。促动鸟类迁徙的主要因素是春、秋季日照时长的变化。有研究表明，鸟类迁徙的本能非常强大，如果暂时将它们关在笼子里且保证充足的食物供应，当迁徙时间到来时它们就会焦躁不安，甚至会朝着迁徙的方向冲向笼壁。

典型的鸟类迁徙是在春季赶往繁殖地，在秋季赶往越冬地。即使在迁徙途中鸟类发现了你设置的喂食器，它们也不会停留太久，最多几天而已；除非天气状况非常糟糕，或者它们在飞行中失去了过多体重，需要补充回来。在极端恶劣的天气中，喂食器对鸟类来说可能是生存下去的机会。

春季迁徙往往伴随着接连不断的坏天气，植物萌芽和昆虫苏醒之前能找到的食物又非常有限，这时，那些平时很少光顾喂食器的鸟也会来取食，比如各种林莺和唐纳雀，特别是喂食器中有牛羊板油的话。在春、秋两季保证喂食器的食物供应可以吸引那些正在寻找最稳定补给区的本地鸟，而它们的出现可以引诱那些路过此处的迁徙鸟到访。

迷鸟和受伤的鸟也会不时出现在你的喂食器上，但是请记住，你的喂食器并不是使它们受伤的原因，也不会使它们的迁徙直觉被扰乱。相反，你的喂食器可以为这些鸟赢得一些时间，帮助它们休整好后继续前进。

有些朋友认为夏季食物供应来源充足，于是在那几个月中断了喂食器的补给。然而事实上，鸟类在繁殖季节对能量的需求量非常

喂食成瘾

除了对鸟类种群数量有帮助以外，设置鸟类喂食器还会给人们带来愉悦和满足，让我们在自己家的庭院里就可以一睹大自然的美好，建立起与自然世界的联结。给鸟类喂食的行为好像为我们打开了一扇大门，引领我们更加深入地感受自然，这不仅使我们自己受益，而且还能参与到自然保护的活动之中进而使鸟类受益。

大，它们要产卵，还要给幼鸟寻找食物（主要是昆虫）。这时候，鸟类其实会喜欢到喂食器来补充一顿"快餐"。在本地鸟开始带着它们的雏鸟一起活动的时候，确实可以暂停喂食器，这是因为在生长发育中的雏鸟需要大量的蛋白质和钙质，而鸟粮和牛羊板油恰恰无法提供这两种营养。

Q **我坚持投喂鸟类有好几十年了，但是最近我的经济状况不佳，很难再负担那么多的花费。怎样才能让我继续投喂那些山雀和其他可爱的鸟，而又不至于破产呢？**

A 不要用购买廉价混合鸟食的方式来节约成本，这样做不仅对鸟类有害，而且也不会为你招引来那么多种鸟。你最好试试去买些葵花籽和几个窗口很小的喂食器（这些小窗口喂食器可以阻止鸽子、松鸦和绝大部分厚脸皮的松鼠们），并且每天只在喂食器中装很少的一点儿食物。这些食物无法供给那么多的鸟，一段时间之后它们就会找到替代的食物来源，而你的山雀和它们的亲戚们应该会很快养成每天定时访问喂食器的习惯。

长期来看，一次性大量购买高质量鸟粮终究还是最划算的。如果你像我上面讲的那样，每天只补充很少量的鸟粮，一定要把鸟粮保存在一个阴凉、干燥的地方。

设置喂食器，它们一定会来

Q **我设置喂食器有一个月了，可是到现在一只鸟都没来！是不是出了什么问题呀？**

A 一般来说，鸟类需要一段时间才能发现一个新的喂食点，特别是在寒冬和仲夏这样艰难的时节。本地鸟在冬季天气比较好的时候会去开发新的取食点。这也是为什么对于那些特别热闹的喂食点来说，在天气好的日子里来取食的鸟要比在天气坏的时候的少很多。一旦有一些本地鸟发现了这个喂食器，就会引起其他鸟的注意。

如果你还是不能把鸟儿招引过来，你可能需要把喂食器周边的环境布置得对鸟类更有吸引力才行。

Q **哪里是设置喂食器的最佳位置？**

A 将喂食器设置在那些能欣赏到风景且能够保证鸟类安全的地方。为了把鸟撞窗户的概率降到最低，喂食器要放置在距窗户3英尺（约0.9米）以内的杆顶或树上。将喂食器设置在距离窗户6英尺（约1.8米）或更远的位置，最容易导致对鸟类致命的撞窗事件。

把鸟儿吸引到你的庭院

即使是最具吸引力的喂食点，如果没有条件满足鸟类其他方面的需求，让它们愿意在附近逗留的话，对鸟类来说也不过就是一个“快餐店”。原生植物可以为它们提供食物、隐蔽环境和筑巢条件，是你布置庭院环境的最佳选择。原生植物完全适应你家庭院的土壤环境和水质，也完全可以满足本地野生动物的需求。你需要一份植物搭配清单，包括产蜜开花植物、产果灌木和乔木，以及可以提供种子、坚果等食物和巢址的各类其他树种。此外，你应该尽可能彻底地根除入侵性杂草。以上这些信息的来源包括本地园艺和观鸟俱乐部、本地区的推广办公室，以及国家或省级的自然资源部门。

此外，庭院具备干净的水源可以供鸟儿饮水和洗澡，这也是很重要的。很多鸟是被鸟类戏水池吸引过来的，而且它们尤其喜欢水滴下或流动的声音。找一个塑料瓶，在底部打一个小洞，把它安置在鸟类戏水池的上方，让水慢慢稳定地滴下来。这样会比单独摆一个戏水池招引来更多数量和种类的鸟。

安放巢箱和筑巢平台会促使鸟类选择在这里筑巢。养一些青苔和蜘蛛会鼓励蚋莺和蜂鸟这样的小型鸟类在附近筑巢——它们筑巢需要青苔和蛛丝作为巢材。你也可以将其他的自然物作为巢材，比如棉絮和短棉线，把这些材料放在干净的牛羊板油笼里面，或者干脆简单地塞到树皮的缝隙中间。

固定在窗户上的喂食器没有给鸟类留出足够的起飞、降落距离，一旦它们向窗户飞去就会受伤，严重的甚至会撞死。你可以把喂食器直接装在窗框上，或者用吸盘把喂食器吸在窗玻璃上。作为额外的安全措施，最好选择靠近树木或灌丛的位置，以便当有捕食者靠近时，鸟类可通过隐蔽的通道撤退。

Q 如何吸引拟黄鹂造访我的喂食器？

A 拟黄鹂喜食花蜜和水果。你可以在蜂鸟喂食器中装一些糖水吸引它们，但是请注意，栖木要大一些，以适合它们的体型。也有一些厂商会生产专门为拟黄鹂设计的糖水喂食器。此外，拟黄鹂也会被葡萄果冻吸引，但是一定不要放多于一茶匙的量——葡萄果冻很黏！如果你一定要喂食果冻这样的食物，最好装在瓶盖这样的小容器中。

拟黄鹂还喜欢水果。你可以在平台喂食器上放几块切开的橘子和苹果，或者把橘子和苹果串在制式喂食器上，也可以在一块小木板上钉上钉子，然后把水果串在钉子上。你还可以再试着装饰一些新鲜的葡萄或浆果，也可以选用葡萄干和黑醋栗（事先泡软一些），装在谷类食盘或其他小容器中。注意定期检查，把那些变质的水果扔掉或拿去堆肥。

鸟类戏水池

很多人会在庭院中修建一个小水池来吸引鸟类。这些小水池会吸引昆虫，为庭院中的鸟类提供更多的食物选择。但要保证水池中的水是流动的活水，否则水池就会变成蚊子的温床。水池建成以后，如果有蟾蜍和青蛙在里面产卵，那么孵化出来的小蝌蚪就会控制孑孓（蚊子的幼虫）的数量。蜻蜓和豆娘在变成成虫之前的蛹的阶段同样以孑孓为食，这些昆虫的作用是双倍的，因为它们的成虫同样以蚊子的成虫为食。

Q **我住在高层公寓，只有一个小阳台。我可以用什么方法把鸟儿吸引到17层楼上来呢？**

A 鸟儿需要一段时间才能发现你的小阳台，这一般取决于你楼下的生境。湖边和溪流边的高层喂食器一般是在迁徙途中被鸟类发现。喂食器附近地面环境中的树和其他植被越丰富、阳台上的植物越多，那些好奇心重的鸟儿被吸引来的可能性就会越大。在阳台摆放食物和产蜜植物有时会吸引鸟儿飞进来，就算它们不来，也会使阳台本身的环境更加宜人。推荐一个网站（www.celebrateurbanbirds.org），它可以让你了解更多关于城市庭院和城市露台招引鸟类的方法。

Q **我观鸟时喜欢看各种林莺，而且希望它们来造访我的喂食器，但为什么它们一直不来?**

A 林莺是一种食虫鸟，不喜食种子。有些人在喂食器上投放粉虱，但大多数林莺是凭本能在特定区域、特定种类的树上搜寻昆虫的，而不是在可能有喂食器的地点寻找。不过在迁徙季中，林莺更喜欢去找寻有谷粉虫或牛羊板油的喂食器，特别是在恶劣的天气。当身处陌生环境时，林莺经常会和山雀混群，而一只饥饿的林莺可能会发现山雀从喂食器一趟一趟地来回取食。只要有一只林莺发现了一个喂食器，其他个体就会跟来这里取食。

松莺和黄腰林莺比其他绝大多数莺鸟访问牛羊板油喂食器的频率更高，有时它们会整个冬季都造访这个喂食点。栗颊林莺喜欢吸食蜜汁，并且以黄腹吸汁啄木鸟啄出的树洞中渗溢出的汁液为食，它们有时会访问蜂鸟喂食器，或者去取食喂食器上提供的橘子薄片。

金翅雀是鸟类世界中最严格的素食者之一，它们会选择一份全素食谱，只有在不经意的情况下才可能会吞下一只昆虫。金翅雀会用消化过的种子来饲喂巢中的幼鸟，而不会像绝大多数其他鸣禽那样选择用昆虫。

菜单上面都有什么？

Q **有人说混合种子鸟食对鸟类而言并不健康，那么，我是不是应该只喂它们葵花籽呢？可是混合种子鸟食难道不是为了提供更加均衡的营养吗？**

A 根据康奈尔鸟类学实验室进行的一项“种子偏好测试”的结果，黑油葵花籽吸引来了最多种类的鸟。葵花籽具有较高的果肉果壳比，它们富含脂肪（对鸟类来说，脂肪是非常重要的能量来源）；葵花籽体积小、果壳薄，体型较小的鸟也很容易嗑开壳。不过条纹向日葵的种子要大一些，而且果壳也较厚。

大多数混合种子鸟食中都会掺杂一些价格低廉的食物种子，如粟米和蜀黍，鸟类一般会吃掉鸟食中的优质成分，而把这些价格低廉的成分剩下。这些被剩下的成分混在一起，经过一段时间会发霉，进而污染新鲜的鸟食。“种子偏好测试”表明：麻雀、拟鹂、鸠鸽和家鸽比较喜欢粟米，但其他鸟并不喜欢；松鸦、鸠鸽和家鸽比较喜欢蜀黍；金翅雀、朱顶雀和黄雀则一般会被黑芝麻吸引。

Q **有人说，在春季，饲育幼鸟的时候，为鸟类设置喂食器的做法不好，因为亲鸟会直接从喂食器取食葵花籽喂给幼鸟，而幼鸟本来需要更加多样化的食物，这是真的吗？我是否需要在春季放弃我的喂食器？**

A 这要视情况而定。如果是金翅雀或黄雀，给幼鸟喂食葵花籽并不会有害——反正它们的雏鸟或幼鸟本来也只吃素。但如果是夏季临近，对于主红雀、玫胸白斑翅雀和其他绝大多数鸟来说，给幼鸟饲喂过多的葵花籽或葡萄果冻确实不好，因为葵花籽和葡萄果冻无法为幼鸟的生长发育提供充足的蛋白质。不过如果它们每天只来喂食器取食一两次，那它们应该已经在其他地方获得了很多其他合适的食物。

不幸的是，鸟类也像我们人类一样，有一些父母并没有尽到父母的责任。宾汉姆顿大学在2009年的一项研究表明，一些城市中的乌鸦给它们的幼鸟多次喂食垃圾食品，首选那些更容易获得的，而不是更有营养的食物。好在绝大多数亲鸟都会依靠本能为幼鸟寻找更有营养、蛋白质更丰富的食物。

在夏季，喂食器并非没有益处。对于孵卵期的亲鸟，喂食器方便它们在快速进食之后回巢继续孵卵；对于那些每天在睡觉以外所有的时间都用来为幼鸟捕捉昆虫的亲鸟，喂食器也非常有帮助。一个鸟类喂食器可以让它们快速补充能量，使它们能够坚持把繁育后代的工作完成。

Q **我想买一些大蓟的种子来吸引金翅雀，但是鸟食店的员工说他们不卖大蓟种子，并建议我试试黑芝麻。那是什么？黑芝麻和大蓟种子有什么区别？**

A 黑芝麻，是一种非常小的黑色种子，和大蓟种子长得很像，而且它可以吸引金翅雀、黄雀和朱顶雀。黑芝麻可以装入布管喂食器，一种被我们称作"大蓟袜子"的喂食器，或者装在开口很小的管状喂食器中。填装之前应先将种子加热消毒，以避免种子发芽。如果你在喂食器下方发现了开黄色花朵的杂草，一定要在其结籽前拔掉。

Q **我的金翅雀看起来喜欢黑芝麻，但是它们进食之后地面一片狼藉！它们这样糟蹋食物能吃到什么呢？**

A 喂食器下方那些看起来被浪费掉的黑芝麻，绝大多数其实只是已经嗑空了的空壳。雀鸟会把外果壳嗑开一条缝，然后用舌头把里面的小种子粘出来。当然，这些种子非常小，以至于当一只雀鸟勾出一个种子，其他种子也会被带出来掉在地上。但是雀鸟经常集群到喂食器取食，当其中一部分站在喂食器上时，其他雀鸟就会在地上捡食掉出来的种子。

Q 牛羊板油是否对鸟类有益？我需不需要担心它们的胆固醇含量过高？

A 绝大多数鸟能在高脂肪、高蛋白的食谱下保持健康。实际上，摄入动物脂肪对它们有利，特别是在天气寒冷的时候。和人类不同，鸟类代谢脂肪的效率非常高，这也为它们维持体温提供了能量。

但在天气变暖之后，牛羊板油变得黏糊糊，如果还给喂食器补充，板油会粘在鸟儿的羽毛上，很不容易清理干净，而且还会和同伴粘在一起。如果这只鸟正在巢中孵卵，有些融化掉的脂肪就有可能被转移到卵上，把卵壳上给胚胎提供氧气的微小气孔堵住。另外，没有经高温煮过的牛羊板油在温暖的天气很快就会变臭。

如果你在冰点以上的温度下喂食板油，应该先炼化，滤去杂

严禁投喂培根

很多鸟特别喜欢培根脂肪的味道。但是和其他肉类制品一样，培根含有亚硝胺类物质，这是一种致癌化合物，来源于腌制肉食的常用防腐剂。尽管在过去的二十年里，加工肉类中的亚硝胺含量已经下降了很多，但在培根中仍有可查明含量的亚硝胺存在，培根烹制过程中的高温会将其转化成亚硝胺化合物。所以，尽管鸟类确实喜爱，但培根会使鸟类的长期健康存在隐患，并不建议给它们投喂。

质。商店里卖的板油蛋糕是已经炼好的，一般也可以在夏季的温和天气里喂食。

Q 我购买的牛羊板油蛋糕中有一些因为沙门氏菌污染被召回了。这是很普遍的问题吗？

A 不，并非那么常见。炼制过的牛羊板油蛋糕不太会有沙门氏菌的问题。2009年，有些含有花生的板油蛋糕被召回，是因为在生产过程中花生被污染了。

花生和玉米都是极易受细菌，尤其是真菌感染的食物，感染后会产生极危险的毒素，所以那些供人、宠物或家畜食用的花生和玉米都要经过非常仔细的检查。但如果是供野生动物食用，售出前并不要求这样的检查。所以，我更倾向于购买那些不含花生或玉米的板油蛋糕，尽管含有这些的板油蛋糕大多数时候是安全的，而且负责任的厂商一旦发现问题会召回那些有问题的产品。不管你给鸟类投喂的是纯粹的无添加脂肪，还是混有其他材料的板油蛋糕，只要鸟儿们不能短时间内把它吃完，最好马上停止供给，特别是在天气暖和的时候。

观察发现，红尾鵟会成对捕猎，两只红尾鵟会分别把守在一棵树的两侧来捕捉松鼠。

Q **可以给鸟类喂面包吗？**

A 面包很容易变质发霉，还容易招来老鼠，并且缺少大多数鸟都需要的营养物质。我强烈建议在喂食器上给鸟类提供其他食物而非面包，葵花籽就是特别好的选择。

鸭子和鸽子特别喜欢面包，在那些禁止投喂鸭子和鸽子的城市，把面包从鸟类投喂食谱中去掉尤为重要。

Q **我的邻居把蛋壳放在外面供鸟类取食，因为她说蛋壳可以补充鸟类需要的钙质。这是真的吗？**

A 是的。特别是在筑巢产卵期，雌鸟需要大量钙质来强化卵壳。鸟类可以从捕食对象中获得钙质，如小蜗牛、潮虫、鼻涕虫等。但是近期的研究发现，某些地区的酸雨使土壤中的钙质流失，可能会使得鸟类的捕食对象越来越难从土壤中获得足够的钙，最终影响鸟类对钙的摄取。

你可以将煮熟的鸡蛋壳碾碎，摆放在室外供鸟类取食，这样可以为鸟类提供优质钙源。如果没法煮，可以将生的蛋壳放在250度的烤箱中烘烤20分钟，以防鸟类感染沙门氏菌。一定不要用微波炉加热蛋壳——蛋壳会变得粉碎！

当鸟类缺钙的时候，它们有时会取食不合适的替代物。冠蓝鸦被观察到啄食房屋涂料，特别是在美国东北地区大雪覆盖的时候。研究人员认为，冠蓝鸦的这种行为是因为涂料中含有钙质，而且它们还会为春季储备涂料碎片。然而不幸的是，涂料中还含有一些对鸟类健康不利的成分。因此，提供蛋壳既可以帮助它们，同时也保护了你的房子！

婚礼上撒的大米对鸟类有害吗？

大米在烹制过程中要吸收大量水分，所以有人担心它会在鸟类的胃里膨胀，将鸟胃撑破。事实上，很多鸟在野外都会取食没有烹煮过的生大米。刺歌雀甚至有一个外号叫“食米鸟”，就是因为它们特别喜欢吃大米。尽管婚礼上抛掷大米或鸟粮并不会胀破鸟胃，一些地方还是会禁止这样的做法，只不过是因为别的原因：滑溜的种子对于身着礼服和不防滑皮鞋的婚礼嘉宾来说是潜在的危险，而且丢在地上的大米也会招来老鼠。

Q **可以给鸟类喂花生吗？该不该给花生里拌上盐？**

A 你可以给鸟类喂食不加盐的花生，但是对于你购买的花生要小心保存。花生容易被寄生的曲霉和黄曲霉污染，这两种真菌可以产生一种非常危险的毒素——黄曲霉毒素。黄曲霉毒素对人和家畜具有致命危害，所以花生出售前必须经过严格的检验。但是并没有严格规定要求对投喂野生鸟类的花生进行检验。因此这种危险的毒素有可能会出现在鸟粮店出售的花生中。

食品杂货店出售的花生都是经过检验的。在购买花生投喂鸟类之前，一定要特别注意选择标明无黄曲霉毒素的花生，买回来后也要在储藏过程中保持绝对干燥，因为潮湿的环境容易滋生真菌。

我不会选择咸味坚果。没有任何现象表明哪种鸟更偏爱咸味食物，而且盐分有可能对它们有害。

Q **花生酱会粘住鸟嘴，并使它们最终饿死吗？**

A 据我所知，没有哪项研究支持这样的说法，但是谨慎起见，特别是在天气暖和的日子里，最好在花生酱中混合一些粗粒的食物，比如敲碎的鸡蛋壳，或者粗磨的玉米面儿。如果天气太热，让花生酱变得很黏稠，那么就把它拿进房间里。变软的花生酱会粘住鸟类腹部的羽毛，影响羽毛的防水和保温功能；更糟糕的情况是，如果这只鸟正在孵卵或育雏，这些黏黏的油脂会弄脏卵或幼鸟。

Q 黄粉虫是什么虫子？用黄粉虫投喂野生鸟类好吗？

A 黄粉虫是一种不能飞的甲虫的幼虫，又叫面包虫，很多鸟都喜欢以它为食。黄粉虫可能是招引蓝鸲唯一最有效的手段。而一旦唐纳雀或林莺发现了黄粉虫，它们会立刻到你窗前来取食。

你可以在鸟粮店和鱼饵店里少量购买黄粉虫，也可以从分销商那里一次性大量邮购。黄粉虫对谷仓来说是害虫，不过它们可以很方便地被装进小容器，如冰激凌桶或塑料管。

可以给黄粉虫喂燕麦片和谷物，再拌进一点儿切碎的土豆、圆白菜或苹果，作为水分来源。如果邮购的黄粉虫包装里填充了报纸，要尽快把黄粉虫转移到小桶中，并给它们撒一些食物。因为它们会吃报纸，而报纸印刷所使

用的油墨具有一定的毒性，用这样的黄粉虫喂鸟，会对鸟类的健康不利。在凉爽的地下室，黄粉虫可以保持幼虫形态存活数周。（鸟类看起来更喜欢取食幼虫阶段的肉虫子，而对蛹和成年甲虫不太感兴趣。）

投喂鸟类时把黄粉虫装在小碗或丙烯酸塑料材质的喂食器中，你可以把排水孔堵死，以免黄粉虫从中钻出去。因为，一旦有鸟发现它们，就会有大量的鸟涌来。最好的策略是每天一次或多次定时摆出一小把黄粉虫。如果你每次摆出来的时候都吹口哨，那些山雀会在听到口哨声后第一时间飞过来。

饮食的适应

Q 大蓝鹭、潜鸟、雕和海雀，这些鸟都是专门捕鱼为食，但它们看起来差别很大！我以为捕食相同食物的种类应该进化得外形相似。

A 所有这些种类确实都捕食鱼类，但它们每一种都进化出各自的捕食和饲喂幼鸟的方式。鹭鸟捕食是站在那里然后直接刺穿或抓捕水中的鱼类，它们的喙和颈部肌肉非常强壮，两脚很宽，用来支撑身体以免陷进湿湿的泥里。鹭鸟主要在浅水区域捕鱼，而潜鸟则在深水区域追捕它们的猎物。和鹭鸟一样，潜鸟也是用喙刺穿或抓捕鱼类。这两种鸟的脚和喙的形状都非常适合抓捕鱼类，但是却不利于携带或者撕碎猎物，所以这两种鸟都是把鱼整条吞下。

鹭鸟在树上筑巢，它们的雏鸟孵化后要在巢中生活数周。为了哺喂雏鸟，亲鸟会先将抓捕到的鱼整条吞下，储存在胃里，也就是接近身体重心的部位，然后带着食物飞回巢中，把半消化的鱼糜反刍出来，口对口喂给巢中的雏鸟。而潜鸟则不同，潜鸟不需要运输捕到的鱼。小潜鸟会跟在亲鸟后面，被喂食体型很小的鱼和体型较大的水生昆虫，直到它们学会独自捕食。

海雀捕食的时候是先在空中仔细侦察一群鱼，然后俯冲进水中，像抢购紧俏商品一样用喙把小鱼捉住。它们会在水里吞下一些小鱼，或者如果小鱼非常多，也会一次捉住好几条然后回到水面上再一一吞下。海雀的巢建在地洞中，它们用喙衔住捕获的小鱼回到陆地上，然后整条喂给幼鸟。海雀的上颚和它们那肌肉发达的舌头上面都长有倒刺，即使喙里叼了很多鱼也能够抓牢。

如果食物充足，海雀会把捕到的鱼运送到巢址附近，因为它们可能需要飞行80英里（约128.7千米）或更远的距离（当食物匮乏的时候），它们适应性地进化出一次搬运很多条鱼的能力，以减少在捕食地和巢址之间往返飞行的次数。它们可以一次在喙中衔住一打或更多的鱼，至于它们是如何做到让鱼头鱼尾交替排列的，至今仍是一个谜。

白头海雕和鹗用爪捕鱼。它们在飞行时两爪很自然地收在身体重心附近，所以它们可以很方便地把整条鱼带回巢中去哺喂幼鸟。这些猛禽锋利带钩的喙就是设计来撕碎猎物的，所以它们进食和哺

喂幼鸟时是把鱼撕裂成一块一块的，而不是整条处理。

Q 什么鸟专门喜欢捕食蜜蜂？

A 蜜蜂是非常危险的！除非是天生知道如何捕捉和吃掉蜜蜂的鸟，否则，不管是选择捕捉雄蜂（雄蜂没有螫刺），还是在吞下所捕到的蜜蜂之前把螫刺拔掉，都会受伤或者被螫死。我有一次见证了一只一岁大的短嘴鸦在半空中捕到了一只黄蜂。这只黄蜂螫了短嘴鸦的上咽喉部位，几分钟之内短嘴鸦就死掉了。然而不管怎样，蜜蜂都算是营养丰富而且体型相对较大的昆虫，有些鸟进化出摧毁蜜蜂强大防御的能力也就不足为奇了。

在北美，有两种鸟善于捕捉蜜蜂，这两种鸟的俗名都叫“食蜂鸟”。其中一种是东王霸鹟。一项研究发现，在一只东王霸鹟的夏季食谱中，蜜蜂、蚂蚁和黄蜂所占的比例高于32%。此外，西王霸鹟也会捕食大量蜜蜂。

另一种是玫红丽唐纳雀，它们经常出现在养蜂场附近。玫红丽唐纳雀捕食时会猛地用喙衔住蜜蜂（它们的喙比其他大多数唐纳雀的喙都要长，可能是为了把这种危险的昆虫衔得离脸远一些），衔到一处较高的栖枝上，然后先用喙猛烈地反复敲打树枝，把蜜蜂摔死，再将已经死掉的蜜蜂在树枝上蹭，把螫刺蹭掉。

在北美以外，有一个科的鸟——食蜂鸟（蜂虎科和翠鸟，同属佛法僧目）——专门以捕食蜜蜂为生。食蜂鸟分布在非洲、欧洲南部、亚洲南部，和澳大利亚，以及新几内亚岛，是一种色彩艳丽的小鸟。它们用长长的喙捕捉蜜蜂，然后像玫红丽唐纳雀那样，除去蜜蜂的蜇刺再吞到肚子里。

Q **我经常看到啄木鸟在我家庭院的地上啄虫子。它们是在吃壁虱吗？**

A 不，啄木鸟专门吃蚂蚁。当一只啄木鸟发现了一个蚁丘后，它那又长又黏的舌头就会伸进蚁丘的隧道深处，并沿途探索，最后在拔出舌头时带出好多美味的蚂蚁。当然，对于大多数鸟来说，蚂蚁并非美味佳肴——蚂蚁的身体里面含有蚁酸（蚁科的拉丁学名*Formicidae*，特别好地强调了这一特点）。在19世纪，人们喜欢从城镇市场上购买野生鸟类作为食物，有些人喜欢啄木鸟的辛辣味，而有些人则很厌恶。约翰·詹姆斯·奥杜邦品尝过他笔下的每一种鸟类，这样写道：“我极其厌恶啄木鸟的肉，它有一种强烈的蚂蚁味。”

口味的变化

美洲金翅雀整个冬季都在喂食器上取食葵花籽和黑芝麻，在野外取食干燥的杂草种子。到了春季，当第一颗蒲公英结籽，自然中的食物丰富起来，美洲金翅雀就会花绝大部分时间到喂食器以外的地方去寻找食物。这会使喜欢借喂食器招引鸟类来观赏的朋友们感到失落，因为这样的变化正好发生在美洲金翅雀换上它最华丽的繁殖羽之前。

尽管美洲金翅雀一般在4月就开始配对，但它们筑巢要晚很多。其实，美洲金翅雀是北美洲筑巢最晚的鸟类之一。在东部，它们一般要等到6月底或7月初才开始筑巢，这时蓟类植物、乳草属植物和种子带有绒毛的其他植物都已结籽。鸟类筑巢时需要这些种子外面柔软的绒毛状材料，而内里种子则是幼鸟的食物来源。

Q **我们注意到，每年的4月中旬，我们庭院中的很多鸟都会消失大约两周左右。它们去哪儿了？发生了什么？**

A 在4月里，很多和我们一起过冬的鸟都会向北方迁徙，直到晚秋季节才能再在喂食器附近看到它们。这个时节，包括昆虫在内的天然食物变得越来越丰富，很多全年的留鸟也对喂食器失去了兴趣。而且，很多留鸟都被吸引到它们将要筑巢养育后代的区域，以方便它们追求异性、防御领地。

同时，根据天气情况，一些在南方越冬的鸟，如白喉带鹀，还没有到达这个度夏地点，而新热带区的鸟要从更南、更远的地方迁徙过来。在5月的鸟浪开启之前，我们有一小段平静的时间欣赏旅鸫、蓝鸲、菲比霸鹟和其他一些迁徙先头部队。

鸟类在“零食吧”的行为

Q 我非正式观鸟已经有好多年了，最近开始饲喂野生鸟类，这给我打开了新世界的大门！当我不再仅仅识别种类，而更多地去观察它们的行为时，竟然这么有趣！但是既然我现在关注鸟类的行为，我就想知道，山雀和金翅雀一样成群结队地造访喂食器，但是为什么山雀却从来都不像其他雀类那样一个挨一个地坐下来一起进食？

A 我非常同意：观察鸟类的行为会使人着迷！每一种鸟都有它们自己的行为模式，这使它们在自己的栖息地中更有优势。

很少有鸟的食谱上完全只有种子，即使是在育雏期间也几乎只给幼鸟喂食植物的种子而不是昆虫。毕竟昆虫是绝大多数鸣禽幼鸟生长发育的蛋白质来源。然而，金翅雀就是为数不多的几乎完全以种子为食的种类之一。金翅雀和它的亲戚们喜欢“成片”的食物——在某一小范围区域集中了大量的食物，而其他地方却一点儿

都没有。它们在成群结队到处游荡的过程中有很多机会去发现新的食物片区。但是这些食物供给会在很短的时间内消耗殆尽，可能是被其他金翅雀或其他小动物吃光，或是从植物上脱落下来。这些因素都被考虑进游荡种群的觅食策略之中：当食物枯竭时，它们集体转移。因此不管是在野外还是在你的喂食器上，金翅雀都是一起进食的。

山雀不是游荡性鸟类——它们整个冬季集群在大约25英亩（约10公顷）的区域内活动。山雀的集群效益在于有多双眼睛可以警戒该区域范围内的捕食者，也可以发现新的食物资源。但是它们会把种子和其他食物各自藏起来，为后续的繁殖做储备，因此山雀也喜欢与同类保持一定的距离。山雀个体之间通常会保持3～30步（约1～10米）的距离，而来喂食器进食的金翅雀个体之间则非常紧密，距离只能用英尺度量。

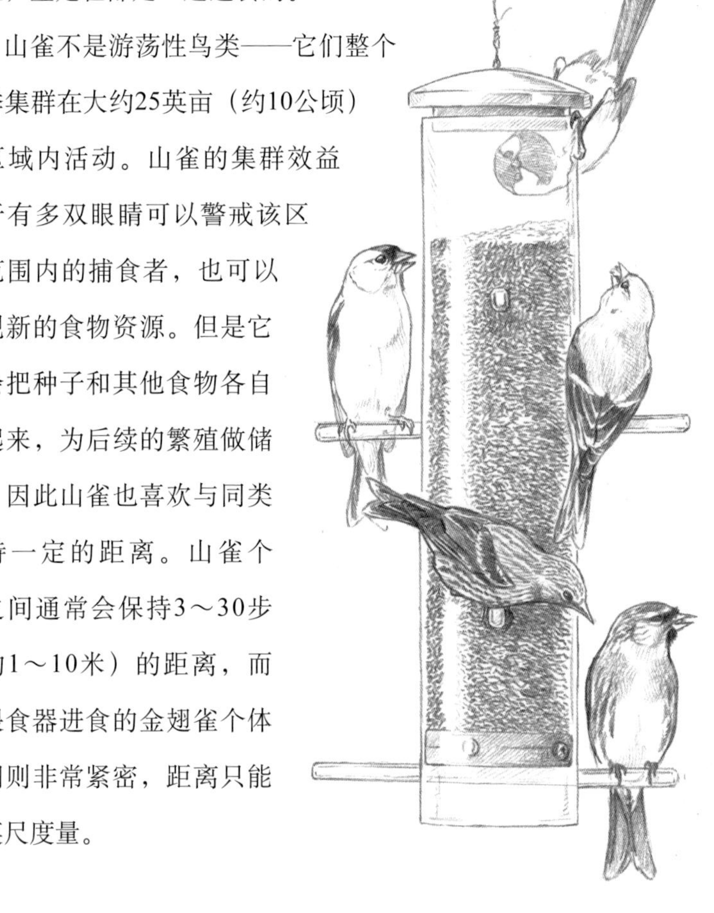

把你的观察投入到研究工作中

如果你喜欢投喂野生鸟类，考虑一下登录www.feederwatch.org网站加入“喂食器观察项目”（Project FeederWatch），贡献出你对来喂食器的鸟的观察吧。你的观察可以帮助科学家找出在你家喂食器上的哪些变化反映了大区域内的鸟类减少，而哪些变化反映的是鸟类种群数量在不同季节中的正常波动。

Q **我的祖母居住在纽约州北部，从我记事起，她家里就设有喂食器。在那里我第一次看到大群的黄昏锡嘴雀蜂拥而至。但是现在，她说锡嘴雀很少再来到她的喂食器取食了，即使有锡嘴雀来，也只是零星的几只。是不是它们的数量比以前少了很多？**

A 很不幸，是这样的。喂食器观察项目的志愿者记录到了这个种群数量减少的现象，该项目要求鸟类观测志愿者们计数并上报在自己家喂食器上观察到的鸟类数量。食槽观察数据库收集了1988—2006年的观测数据，整理发现，黄昏锡嘴雀定点观测报告的数量下降了50%。在那些仍然可以看到锡嘴雀的地点，集群平均的个体数量也下降了27%。我们仍然不知道是什么原因导致黄昏锡嘴雀种群数量下降，不过喂食器观察项目的数据引起了人们对这令人不安的现象越来越多的关注，并且可能最终帮助我们了解造成这一变化的原因。

Q **我参加了一次本地旅行，领队告诉我们：山雀在冬季会吃掉很多昆虫。这怎么可能?**

A 因为昆虫是冷血动物，它们不会在冬季活跃——但其实它们就在那里！在冬季的几个月中，很多昆虫以卵或蛹的形式藏在树皮或嫩枝的裂缝里面。黑顶山雀擅长用犀利的眼睛发现和定位昆虫的卵或蛹，而它们那细小的喙能够伸到裂缝里面把昆虫的卵或蛹捉出来。山雀们偶尔还会从冷冻脂肪或动物尸体上削下一小片为食。考虑到它们会以牛羊板油为食，这样的行为也就不足为奇了。

当有人提供黄粉虫，或是它们发现了大量的昆虫食物资源时，它们就会开始储存或捕食猎物。不过通常山雀在冬季发现昆虫后就会立即吃掉，反而是把种子储存起来。

尽管本质上是食虫性鸟，黑长尾霸鹟偶尔也捕鱼为食。它潜入池塘捕捉小米诺鱼或其他小型鱼类，甚至会用捕到的小鱼饲喂雏鸟。

如何取悦一只蜂鸟

Q **用什么饲喂蜂鸟最好——蜂蜜还是糖水？我可以使用食用色素吗？**

A 选择糖水，不要用食用色素，并且绝对不要用蜂蜜。蜂蜜比加工过的蔗糖更加天然，因此人们一般会认为蜂蜜更有营养。其实蜂蜜是使细菌和真菌快速生长的培养基。一定要选用正规加工过的蔗糖补给你的蜂鸟喂食器。

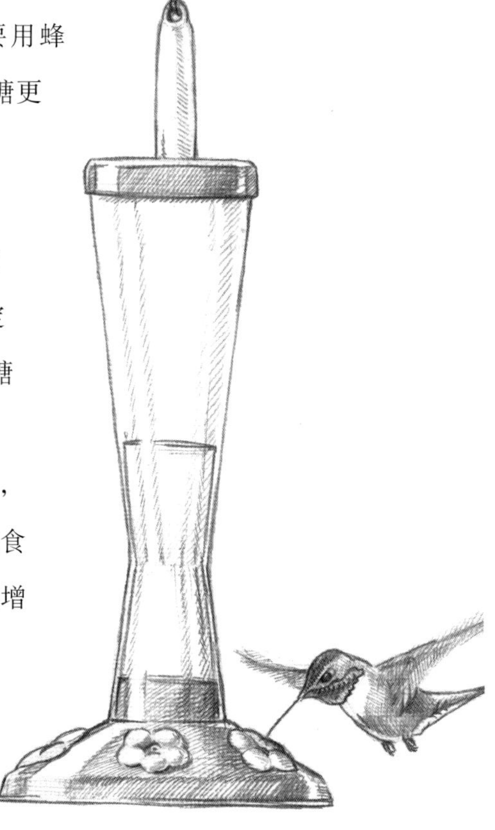

蜂鸟容易被红色吸引，因此人们会在糖水中添加食用色素。食用色素并不能增加营养价值，且会对蜂鸟的健康有害。可以用有红色装饰的亮丽喂食器来吸引蜂鸟。

蜂鸟的糖水配方

要给蜂鸟配制糖水，可以将1/4杯蔗糖溶于1杯水中，这是一个很好的比例，特别是在蜂鸟可能会轻微脱水的干热季节里。而在湿冷季节，特别是在春秋迁徙季节，可以将糖水浓缩，1/3杯蔗糖溶于1杯水中。如果你用干净的容器称量，则并非一定要煮沸，使用新鲜配制的糖水，并且每2～3天更换即可。如果你一次配制一大批糖水储藏在冰箱中，那么先煮沸灭菌是很好的方式。

Q **蜂鸟喂食器总是吸引来黄蜂和蚂蚁。我该怎么做？**

A 悬挂的蜂鸟喂食器很容易隔绝蚂蚁。在喂食器的底部盘条上设计有中央凹槽，在凹槽中装满淡水，蚂蚁就够不到糖水了。

不幸的是，并没有一种简单的方法可以阻止蜜蜂和黄蜂。我一直搞不懂为什么那么多的喂食器要配上黄色的蜜蜂防护装置。蜜蜂和黄蜂对黄颜色敏感，所以蜜蜂防护装置实际上是在吸引它们的注意。如果糖水恰好从喂食器口滴落到防护装置上，那么蜜蜂就得到了一顿美味大餐。我绝不会在喂食器上设置黄蜂诱捕器或投放驱虫剂这样的有毒物质——污染食物的风险太高。

我从俄克拉荷马州的一位名叫菲尔·弗洛伊德（Phil Floyd）的观鸟人那里学到了一个有效解决蜜蜂问题的好方法。他的太太找到了把黄蜂从蜂鸟喂食器吸引开而并不会伤害它们的办法。菲尔这样写道：“她将另外一个喂食器装满浓度更高的蔗糖水，并且在喂食器的外表面也喷洒上这种更浓的糖水。之后把这个喂食器挂在和原蜂鸟喂食器有一点距离的地方。然后，她到被蜜蜂包围的蜂鸟喂食器前，抓几只蜜蜂装进罐子里面，把它们放到新的目标喂食器上。如此重复几次，直到蜜蜂间开始传递信息，并且都开始转向新喂食器。我们继续不断用浓糖水补充‘蜜蜂喂食器’，并且用同样的浓糖水喷洒喂食器表面。此后，蜜蜂们只去这个新喂食器取食，问题解决了！”另外，浓糖水喂食器周围活跃的蜜蜂自然而然地也就阻止了蜂鸟的造访。

Q **我听说应该在劳动节前把蜂鸟喂食器搬进房间里面，否则会使得蜂鸟留恋喂食器而妨碍它们迁徙。这是真的吗？**

A 这种说法不对。和其他迁徙鸟类一样，秋季来临，日照缩短，蜂鸟开始焦躁不安，即使是最完美的喂食点也不能阻挡它们迁徙的冲动。

掉队的并非因为愚蠢，或者是被我们的喂食器吸引而留下的懒汉，只是因为它们的身体还没有储备足够多的脂肪，肌肉还不够强

壮，所以没有跟随其他鸟类一起启程。一些落后了的红喉北蜂鸟是第一巢繁殖失败的雌性成鸟。在将雏鸟喂养大之后，蜂鸟需要一些时间来恢复身体，而我们的喂食器就可以帮助它们获得足够的卡路里增肥。这对于它们来说尤其重要，因为那时很多花都开始枯萎了。另外，绝大多数落后的红喉北蜂鸟是当年出生的幼鸟，它们还没有完全做好启程的准备。我们的喂食器可以增加它们生存的概率，特别是在第一次霜冻之后。

Q **来我的喂食器取食的蜂鸟看上去一直在打斗。我的喂食器有8个取食口——为什么它们就不能一起分享？**

A 对于蜂鸟的攻击性有一个很好的解释：它们不能接受一次次地和其他蜂鸟分享同一朵花，特别是当没有那么多盛开的花朵的时候，一旦花蜜消耗殆尽，它们可能需要游荡很长一段距离去寻找新的蜜源。这样的打斗习惯实在是过于根深蒂固，它们并没有弄明白喂食器中的“花蜜”事实上根本就不会被真正地消耗干净，也不需要去保卫。

总的来说，你可以饲喂更多的蜂鸟，只需要设置四个有单一取食口的小型喂食器，并且把它们分散开来，这样在其中一个喂食器取食的蜂鸟就不容易看到其他喂食器的情况了。你可以透过更多的窗子看到这些蜂鸟，而它们也会更加开心。

稀客：流浪的蜂鸟

如果在秋季，你还一直把蜂鸟喂食器立在外面，那么不管是在美国还是加拿大南部的任何地方，都可能有意外的访客出现。热带地区的蜂鸟可能会突然出现在你的喂食器前，即使是在12月末的时节。这些可怜的鸟儿们通常难逃厄运，但既然我们的喂食器是它们生存下来的唯一机会，我们其实可以为了它们再多补给几天、几个星期，或几个月。其中的一些鸟真的有可能存活下来，并且最终飞回到环境更适宜的地区。

棕煌蜂鸟在落基山脉北部繁殖，冬季一般在墨西哥和美国西南部越冬，有一些个体则在美国东南部过冬，另外有很少的一部分甚至初冬时还停留在美国中部和东北部地区。

Q **我的蜂鸟看起来状态不错，不过它们的脸上和嘴基都覆盖了一种黄色的粉状物质。我曾经在什么地方读到过，人工饲喂蜂蜜的蜂鸟容易感染上真菌疾病。前面描述的现象是这种真菌病吗?**

A 蜂蜜确实容易滋长霉菌和细菌，所以不要在喂食器中灌装蜂蜜。但是从你的描述来看，你的鸟儿们并没有生病——蜂鸟是新陈代谢率非常高的鸟类，一旦被感染，它们的症状会非常明显，并且很快会死亡。它们脸上和嘴上的黄色粉末很可能是它们在花朵中吸食花蜜时蹭上的花粉。

哀鸽经常在地面取食，咽下种子并储存于“嗉囊”（食管的一处膨大部位）中。等嗉囊填满以后（有记录称，仅在一个嗉囊中就发现了17200枚早熟禾的种子），它们就会飞到高处一个安全的栖息处慢慢消化这顿大餐。

应付不速之客

Q **太多鹩哥围着我的喂食器狼吞虎咽，以至于其他的小鸟根本挤不进来。我该做些什么？**

A 鹩哥和其他绝大多数黑鹂的嘴并不适合嗑开厚厚的种子壳。试着在喂食器中只填装条纹向日葵花籽，而不是混合种子鸟食或黑油葵花籽。黑油葵花籽相对营养价值稍高一些，但它的果壳却薄了很多，更容易被鹩哥和家麻雀嗑开。如果你的喂食器是平台式的，你还可试着把它换成管状喂食器，因为鹩哥一般不喜欢造访悬挂着的喂食器。

换成条纹向日葵花籽还可能阻止其他不太受欢迎的小鸟，如紫翅椋鸟和家麻雀。这些入侵物种是从欧洲传入美国的。它们在洞里筑巢但不会打洞，因此它们用啄木鸟、蓝鸲和其他易危的本地物种修好的现成洞穴。如果可能的话，最好避开紫翅椋鸟和家麻雀。

鹩哥好样的

大尾拟八哥数量很多，而且吵吵闹闹，所以它们所到之处一般会被看作是令人讨厌的家伙。但我还是会保留对它们的好感。在拉斯维加斯的时候，一天清晨我带着我的第一个宝宝乔伊去观鸟。我们来到一个城市公园，我把他安顿在汽车婴儿座椅里面，放在野餐桌子上，然后搜索周边的树上有哪些鸟。大尾拟八哥正在求偶，这意味着它们正在制造巨大的、离奇的哨声，喋喋不休，并且还有其他好多酷酷的噪声。乔伊一会儿"咯咯"一会儿"咕咕"，开心地加入它们的噪声中自得其乐了45分钟还多，完全没有吵着找我。此前，我可是从未如此专心地搜索鸟类。这样的体验太愉快了。

Q **我朋友在亚利桑那州的乡下有一个40英尺（约12.2米）长的池塘，里面养着鸭子。同时那里有大群的鹩哥，对她造成了非常大的困扰。它们又吵、又脏、又乱，快要把她逼疯了。她想知道怎么做才能把那些鹩哥赶出这片区域。**

A 记住电影《梦幻成真》（*Field of Dreams*）里面的一句台词："梦想还是要有的，万一哪天实现了呢？"在这个亚利桑那州的鹩哥案例中，如果你提供饮用水，它们就一定会来。这些鸟已经太适应城市、郊区和乡村中人类的行为习惯，以至于一旦它们迁入这个地方，就很难再扩散到其他地区了。不管你朋友以什么手段驱逐鹩

哥，都很有可能鹩哥尚未受到干扰，其他的鸟儿就先被赶跑。

告诉你的朋友，一定不要用食物贿赂它们（她的所有喂食器都需要是同一型号，且能将大型鸟类排除在外），但若天然食物供应非常充足，事情就会比较棘手。有一个简单的方案，如果她碰巧养了一条狗，而且这条狗喜欢追鸟，只要加以时间和耐心，花几周时间就可以使鹩哥对这个区域产生警戒：只要它们一出现，狗就会追它们。

Q 你能说出鸽子的一个优点吗？

A 鸽子跟随早期移民来到美国，这些移民把鸽子从英国和欧洲大陆带来作为食物和用于体育运动。在紧急时刻和战争时期，鸽子传递的关键信息拯救了人类的生命。有一家英国医院用鸽子运输血液样品横跨整个镇子到他们的实验室，既省钱，又不会遇上交通拥堵。

查尔斯·达尔文（Charles Darwin）非常近距离地观察过鸽子，他也饲养鸽子，通过选择育种研究不同的进化方式，以此来打磨他的理论。心理学家斯金纳（B. F. Skinner）以鸽子为对象开展了很多实验和研究性学习，并断言鸽子是冰雪聪明的物种。

在喂食器周围，鸽子可能显得体型大、数量多，但它们对其他鸟类并没有特别的攻击性。鸽子和美国本土鸟类不存在激烈的食物和巢址竞争，但它们确实会被城市中的游隼捕食。

难为了松鼠

很多人在投喂鸟类的时候都想知道如何能够吸引鸟类而不招来松鼠。于是，如雨后春笋般涌现出很多新发明，想用最完美的方式挡住松鼠，但这个小小的啮齿动物的大脑往往比一个普通工程师的还要灵光。

我继父用一个大号比萨盘设计了一个松鼠挡板。他在挡板中央开了一个洞，直径仅仅比喂食器支撑杆大一点点。他在支撑杆上放置挡板的位置一圈一圈地缠上电工胶带，然后把比萨盘放在胶带上面。挡板挡住了去路，松鼠就不能顺着支杆再往上爬，它们也没法跳到比萨盘上面，因为胶带很松没有立足点。此外，一块圆锥形的铝箔板同样可以挡住松鼠，制式挡板也可以起到同样的效果。

但是只有当喂食器足够高，而且距离旁边的树足够远，松鼠不能直接跳上去的时候，这些挡板才能起作用。如果你的喂食器周围任何方向大约8英尺（约2.4米）以内有一棵树，总会有一只松鼠最终能够想办法跳上去，然后教给它的朋友们。装在窗户上的喂食器也同样。如果你的房子附近有一棵树，任何自信满满的松鼠都会很快找到一条路径从树上跳到房顶，然后再到喂食器上。我就亲眼看到过一只大灰松鼠挤进我放在窗台上的小塑胶喂食器。

另外一种方案是购买那种外层带笼子的喂食器，只有小型鸟类可以进去，松鼠不能钻进去够到喂食器上面的种子。这样的喂食器可能不太美观，但能够防止松鼠破坏我们提供给鸟类的食物。当然，还有另外一种方案——学着欣赏松鼠和它们滑稽的动作。

“鸽子洞”（pigeonhole）是一种小的开放隔间分类架（放置在书桌或橱柜中），用来保存信件或单据。当我们“pigeonhole”人或事物的时候，意指我们把它们分类摆放，但往往不能真正反映它们实际的复杂性。

Q **在我居住的地方，饲养鸽子是违法的。为了避免被处罚，怎样才能防止鸽子来我的喂食器取食？**

A 如果鸽子很规律地来你的喂食器取食，那确实要花点时间和心思才能把它们赶走。首先，也是最重要的，要保证没有种子堆积在喂食器下方的地面上。其次，从喂食器的种类来看，鸽子更喜欢平台喂食器，而对其他类型的喂食器兴趣不大，所以在驱逐鸽子的期间，你需要停用所有的平台喂食器，而只使用其他类型的喂食器。不妨尝试悬挂式喂食器，因为鸽子实际上不能站在悬挂喂食器上取食。

为鸟提供家政服务

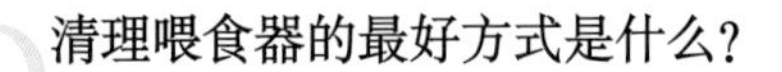

Q **清理喂食器的最好方式是什么？**

A 把喂食器放在洗衣盆里拿到水龙头下冲洗，或者在庭院里接上软管边用水冲边用刷子刷洗。如果你每隔几周清洗一遍，而且没有发现来取食的鸟类出现生病的迹象，那么就不需要再做其他的清洁工作了。

除此之外，更重要的是，每隔几周把喂食器下面掉落的旧种子和果壳铲干净，且在雨季还要更频繁一些。

Q 我需要多久清洁一次院中的鸟类戏水池？

A 不论何时，只要看到水池脏了就要清洁，并且至少每4～5天就要清洁一次，防止蚊虫滋生。预防蚊虫非常重要，这不仅因为蚊子对我们人类有害，还因为它们会传播疾病，包括西尼罗河病毒（West Nile virus）。清理水藻而不伤害鸟类和环境的最好办法就是提前预防。在发现水藻滋生的第一时间就彻底刷洗水池，用硬毛刷和干净的水，而不能使用洗涤剂和漂白剂。

鸟类不需要加热浴盆

有时，我会被问到关于在冬季为鸟类设置加热浴盆的问题。一般来说，这不是一个好主意。所有的动物都需要饮水，鸟类也不例外。它们被开阔的水面吸引，当自然环境中缺乏开阔水面的时候，它们会感觉庭园中的水盆尤其有吸引力。

但是当气温明显低于冰点时，开阔水面水蒸气上升，鸟儿们来水盆喝水可能会使身体表面挂上冰碴。更糟糕的是，有些鸟可能会想跳进水盆洗个澡，而不仅仅是简单地喝水。而当它们洗澡后跳出水盆，羽毛很快就会结上一层冰，使得它们飞不起来。我曾看到过关于紫翅椋鸟和哀鸽发生这样的事情的第一手记录。

为了防止水在羽毛上结冰，我绝不会使用加热浴盆，尤其当气温降到20°F（-7°C）以下的时候。如果要使用加热浴盆，那么在浴盆上加盖一个木格栅是个好主意，这样可以让鸟儿把喙伸进格栅缝隙去喝水，而又防止它们打湿身体。

在购买加热浴盆之前还有一件事要考虑，那就是持续供电加热同样会消耗自然资源，这样做是否值得。我一般会在我的窗台喂食器平台上放置一个耐用的塑料小碗，早上添上水放出去，晚上再收进来。口渴的小鸟可以来这里饮水，但它们同样可以通过啄食雪块和滴水的冰柱来获得饮水，因此我并不认为它们会缺少水源。

Q 我的邻居说鸟类喂食器存在隐患，它会促使疾病传播。这是真的吗？

A 当鸟类集群密集的时候，不管是在自然环境中还是饲养条件下，生病的个体都可能传播病原微生物给其他个体。因此，明智的做法是，一旦发现生病的鸟就关掉你的喂食器。在看到生病的鸟之后等待几天，彻底清理喂食器，并且全部重新填装上新的鸟食。

清洁喂食器下方的地面也很重要，应及时把陈旧的和发霉的种子清理干净。当喂食器下方的种子堆积起来并且开始腐烂的时候，鸟类可能会把这些腐败变质的种子叼在嘴里。种子腐败滋生出的细菌可能会污染干净的种子。鸟类可能会在某一个喂食器那里染上病，然后再通过粪便传染到其他的喂食点。

尽管鸟类从喂食器处感染疾病是有可能的，但是我并不想过度陈述它的潜在危害。我们的孩子同样会在学校感染上病原细菌，但是总体来看，去学校上学的好处远远大于这种存在小概率感染可能的弊端，而且我们相信负责任的父母会把生病的孩子留在家中，以减少传染给其他孩子的可能性。如果确实存在爆发严重传染病的风险，学校会暂时关闭。同样的道理，通常情况下，只要我们积极主动地进行清洁工作，并且在病鸟出现后迅速采取行动，喂食器的好处要远远大于它存在的安全隐患。

参考第三章，获得更多应对鸟类疾病的办法。

Q 鸟类喂食器会把疾病传染给人类吗？

A 公共健康部门不认为投喂鸟类会危害人类健康。绝大多数鸟类疾病并不能传染给人类，只有很少数的疾病可以，如肉毒杆菌中毒和沙门氏菌感染，但事实上也从没有通过喂食器接触传染疾病给人类的记录。不管怎样，你可以通过几个简单的常识性措施来确保鸟类喂食器对你自己和鸟类都是安全的。

在打理喂食器和鸟粮后洗手是小心谨慎的做法。你也应该保持喂食点的卫生，并且经常翻整喂食器下方的土地。导致肉毒杆菌中毒的致病菌是存在于土壤中的，与有无喂食器无关，因此，在翻整落叶或者其他庭院工作后要仔细洗手。

如果你在庭院中发现了一只生病的小鸟，或者是已经因病而亡的小鸟，应关掉你的喂食器至少两周，以避免疾病传染给其他鸟类。

Q 我的房东不希望在复合公寓中设置喂食器，她说鸟类喂食器会招引鸽子、老鼠和一些害虫。

A 鸽子、大鼠、小鼠和其他与人类伴生的小动物们一直在搜寻食物，所以如果它们可以接近你的喂食器和从中洒出的种子，就会被吸引过来。由于大鼠和小鼠会引起严重的人类健康问题，并且控制管理起来也很有难度，因此提前预防特别重要。

选择用杆支撑的喂食器，可以让大鼠和小鼠爬不上去；加装金属网或承重合适的栖枝，可以驱逐大型鸟类和松鼠。在喂食器下方放置一个种子收集盒，可以很好地防止从喂食器洒出的种子掉到地上。此外，你应精心保持喂食器的清洁整齐，每天清理洒出的鸟粮和果壳。房东有时是担心环境卫生，因为腐败变质的种子外壳一点一点堆积在建筑物地基旁边，时间长了会影响建筑结构。如果你能向房东保证认真对待这些问题，并且愿意采取必要的措施来预防，很有可能改变他的想法。

Q **我在鸟舍中发现了黄蜂。我该怎么办？**

A 黄蜂和蜜蜂很少抢占筑巢鸟类的鸟舍。它们大多数时候会在空鸟舍里面被发现。如果确实在鸟舍中发现了这些昆虫，最好的处理方法就是置之不理，不要采取过激的行为试图根除它们。恰恰相反，可以等到秋季天气变冷，它们的活动停下来后再把它们彻底清除掉。你也可以将肥皂（条状）涂抹在鸟舍天花板的内表面，形成一层滑溜的保护层，使黄蜂和蜜蜂无法在上面筑巢。此外，一定不要在鸟舍内使用杀虫剂。

第二章

观鸟的乐趣与科学：观鸟运动

约瑟夫·希基（Joseph Hickey）曾经将观鸟视为一种"病"，"要想治愈，除非天亮就起床，坐进泥塘里"。这种说法不一定对，但为什么人们会喜欢观察鸟类呢？一旦这种兴趣被激发，我们需要什么设备，用怎样的方法去发现和识别鸟类呢？

每年我都会收到数百个关于如何观鸟的问题，比如：用什么双筒望远镜是最好的？如何选择一本野外手册？是独自去观鸟好，还是三五成群去更好？我喜欢帮助大家去观鸟，毕竟，没有谁的一生应该乏味地度过。

像专业人士那样使用双筒望远镜观鸟

Q 我不仅仅对观察庭院中鸟感兴趣，还想去野外。这是否意味着观鸟是一种奢侈的业余爱好？是否需要先进的设备和大量的旅行才能实现？

A 观鸟其实不必非常昂贵，尽管对那些买最好的光学仪器、最精准的电子产品，并且飞往全世界各地旅行的人来讲，它是昂贵的。但是花极少的钱去观鸟也可以得到同样的满足感，有时甚至会收获更多哦！比如，花不到300美元[1]购置的双筒望远镜同样可

---

[1] 译者注：300美元按目前的汇率约折合人民币2000元左右，但国产品牌中有从六七百到一两千的双筒望远镜，皆可作为入门的选择。

以让你使用很多年，用它可观察和识别的鸟类和用那些顶级双筒望远镜可观察到的一样多。买一本野外手册，仅需30美元，但里面成百上千种的鸟类介绍足够让你在自己生活的地区或北美其他任何地方终生查阅了。当你慢慢熟悉技巧，并不断了解鸟类的多样性和行为特征后，本地观鸟将会给你带来无限的享受与快乐。

Q **我丈夫给我送过一副很不错的双筒望远镜，但无论何时用它来观察，我看到的几乎都是漆黑一片，什么都没有！**

A 想想双筒望远镜这么贵，大多数公司却不在包装盒里附上使用说明书，这可真奇怪。其实使用双筒望远镜就像学骑自行车——一旦你掌握了技巧就会变得很简单。

在你使用双筒望远镜观鸟之前，你需要对它做一些调整。几乎所有的双筒望远镜都有一些非常有用的产品特点，能够适应各种各样的使用者。首先，目镜眼杯使得目镜（人眼观察的透镜组）与人眼之间产生一个合适的距离（称之为“视距”），这个距离能优化放大倍率并且避免周围光线进入，从而让看见的影像更清晰明亮。如果你不戴眼镜，就拉出目镜眼杯；而如果你戴眼镜，就把眼杯收回去，因为眼镜本身已经保证了人眼与双筒望远镜间的距离，且已无法阻止周围光线进入。

下一步，需要根据你双眼的距离调整双筒望远镜两个镜筒之间的距离。透过镜筒向外望，同时调整两个镜筒之间的距离，直到你两只眼睛所看到的重合为一个清晰的立体图像。如果镜筒的距离设置得不合适，图像就会变黑。

事实上，市面上所有的双筒望远镜都有中心焦点，由一个旋钮或杆同时控制两个目镜的对焦，但很少能同时精确匹配我们的双眼。所以为了适应两眼的不同，双筒望远镜在靠近光学透镜的一侧或另一侧还有一个屈光度调节钮，或者是作为调焦旋钮的一部分，可调节范围为+2D到–2D。

- 首先找到屈光度调节，将其设置为0。
- 找一个有清晰线条的对象，将望远镜放在一个合适的位置。这个对象一般是一个符号或其他带字母或数字的物品。
- 用透镜盖或你的手挡住受屈光度调节那一侧的物镜（双筒望远镜中较大且靠外的透镜），然后用调焦旋钮使光线聚焦在这个符号上。整个过程中记得保持双眼睁开。
- 交换双手，揭开用来调整屈光度的那个物镜，盖住另一个，再次对焦。这一次是使用屈光度调节而不是中心点对焦。
- 多次重复调节后，观察对象应该在双筒望远镜中清晰成像。
- 注意屈光度调节钮上所设置的数字。因为有时在正常使用时，调节旋钮可能会移动，所以需要时不时检查它的位置，以确保它设置在适合你眼睛的正确位置。
- 最后，双筒望远镜的肩带调整得越短越好，只要不妨碍你舒适地使用它，并可以轻松地举过头顶。肩带留得越长，双筒望远镜在你胸前弹跳得越厉害，当你弯腰时它撞到石头、桌子及其他物品的概率就越大。

Q **我觉得我已经把双筒望远镜调节得非常适合我的眼睛了，但是我用它还是看不到鸟！有一只主红雀刚好蹲在我面前的一棵树上，但是当我举起双筒望远镜想要仔细看清楚时，不等我找到，它就飞走了。这种情况我该怎么办呢？**

A 当你发现一只鸟时，就一直盯着它，同时把双筒望远镜放到你眼前进行调焦并且保持头部不动。刚开始学习使用双筒望远镜时，请选择无生命的物体作为练习对象，并从体积较大的物品开始，测一测你自己能多快找到它并通过镜片观察到。最初可能会比较沮丧，可一旦你掌握了如何观测无生命物体及静态的小鸟后，观测动态的小鸟将很快成为你的第二天性。

世界上最大的红尾鵟体重3磅（约13.6千克）；一只体型大小相同的狗的体重则至少是它的10倍。

尽可能购买预算范围内最好的双筒望远镜

世界上有成百上千种双筒望远镜，对于如何挑选望远镜，观鸟者们也给出了成百上千种意见。有一个诀窍就是选择最符合你的需求和预算要求的那一款，记住关于双筒望远镜的六个关键参数：棱镜类型、倍率、口径、视场、舒适度及价格。

双筒望远镜的棱镜类型

双筒望远镜基本分为两种类型：屋脊棱镜和保罗镜。屋脊棱镜的内部多一个镜片，使得它的成像相对于保罗镜偏暗一些，当你想节省预算时这一点需要认真考虑。在价格和制造商都相同的情况下，保罗镜的成像更优。但是，保罗镜的这种设计会使灰尘沙砾更易进入其内部，且较难防水。大部分顶级的双筒望远镜都是屋脊棱镜，因为它们更易于保持清洁。切忌选择两镜筒单独调焦的双筒望远镜——这非常不利于观鸟，尤其是当你需要快速精确地定位对焦时。

倍率及口径

每副双筒望远镜都标有2个数字，如8×40、10×50、6×32。第一个数字就是指倍率，第二个数字的单位是毫米，指物镜镜头的直径，直径大小直接影响成像亮度。倍率是观看的物体可拉近放大的倍数。10倍的机型会将观测的物体拉近10倍。对于完全一样的双筒望远镜而言，放大倍率越大，对象可以被拉得越近。然而这中间总是存在一定的权衡：在品质相同的双望远镜之间，高倍率型号要比低倍率型号成像更暗且视野范围更小。

我用的是6倍的机型，如果我旁边有一位使用10倍机型的观鸟者，且我们观察的是同一鹰群，那么在任何时候我视野范围内的鹰都会多于他。如果突然有人大喊“发现金雕”，我通常会更快观测到，因为我的双筒望远镜具备更宽广的视野。需要权衡的是，由于其他观鸟者使用的机型倍率更高，他们观测到的鸟的细节会更多。

如果我们都在海上航行，且遇上强劲的西北风，那我的6倍双筒望远镜成像会更稳。如果我们都在晴朗夏日的下午观察水鸟，我的成像失真更小。对于同一制造商、相同价格的双筒望远镜而言，低倍率机型往往比高倍率机型成像更清晰干净，机型质量越差时该特征越显著。然而，高倍率机型能将观测到的小鸟拉得更近。

对于具有相同倍率的双筒望远镜而言，第二个数字越大时视野越明亮——这是优点；而缺点是，数字越大镜体重量也越大。第二个数字至少是第一个数字的5倍时，聚集到的光照量才会得到最优化使用，比如6×30、7×35、8×40和10×50。当你准备入手一副便宜或中等价位的双筒望远镜时，这项考量因素尤其重要，因为它不会有顶尖机型才具备的高级的增透膜及特殊的低色散镜片。

舒适度及易用性

这应该是另一重要考量因素。万万不可选择那种沉得你都不愿使用的双筒望远镜，并且需要确保你用它观测时能看到一个完整的成像。如果目镜之间距离过远，或是双筒望远镜与你戴的眼镜不契合，那你可能会看到两个图像或一个局部图。另外，调焦旋钮也应该易于触到和调节。

在你可负担的范围内，选择最贵的那些机型去试用，然后基于你对其倍率、口径、亮度、锐度、视野和舒适度的喜好，对它们进行排序。在比较过程中选择同一个观察对象，得到的对比效果会更佳。一旦你选定某副双筒望远镜，切忌再看其他机型，切忌与其他观鸟者对比！因为没有真正完美的双筒望远镜，当你将注意力再次集中到观鸟时，你会感到非常满足。

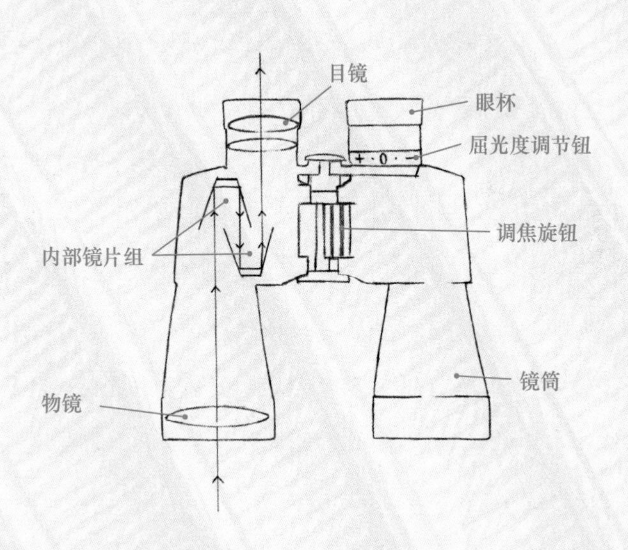

Q **我与妻子共享一副双筒望远镜，但我们的视力不同。每次当我俩轮换使用时，都需要调节屈光度吗？**

A 虽然每次你们都可以通过重新调整屈光度得到最清晰的视野，但那肯定不是一种愉快的观鸟方式！你们可以尝试在你和她的屈光度之间设置一个中间度数。如果这给你俩中的一方带来的烦恼较多，那就向这个人的屈光度方向微调一点儿。一些观鸟夫妇后悔在结为终身伴侣前没有检查对方的屈光度，而另一些则不管这些，直接再买一副双筒望远镜。

Q **我们小镇有两个经验丰富的观鸟者在一次观鸟旅途中因为双筒望远镜的清洁频率争论了起来。一个说在每次外出观鸟前他都会清洁望远镜，另一个说除非是它明显很脏否则不必清洁。你认为应怎样呢？**

A 大部分价格昂贵的双筒望远镜都是由于它配置了镜头和增透膜。镜头上的沙粒、灰尘或其他颗粒物都很容易划伤增透膜，甚至是镜片，所以让你的双筒望远镜远离灰尘很重要。当不使用望远镜时，当你把它挂在脖子上吃点心、用午餐时，都要记得用镜头盖或防雨罩盖上它。

我习惯在我的观鸟夹克兜里放上一把专业的镜头刷，这样当我看见镜头上有灰尘时，我就能迅速地刷掉，免去了用薄纱或布料擦拭时灰尘在上面磨来磨去的风险。当我在一段时间内频繁使用双筒望远镜观鸟时，每个月会清洁一到两次。而且在清洁时，我总是先吹一吹，用镜头刷轻柔地将它上面的颗粒物扫一扫。如果你的双筒望远镜的眼杯是可以摘掉的，那你可以将它们旋下之后再刷镜头，这样清洁更彻底。

除掉灰尘后，先用镜头清洗液将一块高品质的镜头布润湿，一定要选择专为镀膜双筒望远镜镜头制作的清洗液（切忌使用窗户清洗液）。然后轻轻地将镜头擦拭干净。最后用干布将镜头擦亮。

怎样处理旧双筒望远镜

很多观鸟者将他们的旧器材放进橱架上，以备新器材出现问题时应急而用。保险起见，这不是个坏主意。但是如果它们还可以使用，你可能想将它们更好地利用起来，既可以让其他人享受到观鸟，又能维持它们的性能。如何做呢？你可以将它们捐赠给本地的自然中心或观鸟俱乐部，或类似于美国观鸟协会（American Birding Association，简称ABA）或“热带光学”（Optics for the Tropics）这样的观鸟机构。

这两个机构都曾寄出二手（有时候甚至是全新的!）双筒望远镜给拉丁美洲、加勒比海的研究人员和教育工作者。美国观鸟协会的相关网址是www.americanbirding.org/bex，“热带光学”的网站是www.opticsforthetropics.org。

除了双筒望远镜，我还需要什么新装备？

Q **单筒观鸟镜与光学天文望远镜之间有什么差别呢？我需要买一个吗？**

A 单筒观鸟镜是一种便于携带的望远镜，专为观察地球上的物体而设计。它的倍率一般是20～60倍。

单筒观鸟镜非必需品，但是它可以使你更容易地观察水鸟、岸禽类鸟及草原鸟类，甚至使你非常近距离地观察到林地鸟类，尤其是在它们巢穴附近，你不需要跟踪移动的时候。

Q 我应该怎样选择单筒观鸟镜？

A 有两种基本望远镜设计：直筒和弯角。我观鸟的前30年一直使用的是直筒观鸟镜，用它在家观鸟很方便，但如果鸟远远低于你（比如当你在山脊或悬崖上观鸟时）或者远远高于你，直筒观鸟镜就会不那么方便。直筒型单筒观鸟镜不适合团队或家庭成员共享，除非所有人的身高都接近。因为高个子在使用为矮个子架设的观鸟镜时不得不蹲下来看。

在2005年，我买了一副弯角单筒观鸟镜。起初还着实好好学习了一阵如何把鸟收入视野当中，因为你必须低下头去看在你正前方的鸟。但如今我早已习惯使用它，也不会再考虑换回之前的直筒镜。弯角单筒观鸟镜，就像保罗双筒望远镜一样，少一个光学镜片，这一点让它们在光学性能上比直筒观鸟镜稍具优势。另外，当一只鸟站得特别高或特别低时，弯角单筒观鸟镜可以最大限度地旋转，以便你可以更轻松地从侧面通过目镜观测它。此外，即使这个单筒镜为最矮的那个人设置好，最高的那位也不需要蹲下来才能使用，只需俯身通过目镜向下看就行了。

大多数观鸟者都给单筒观鸟镜配置变焦目镜，大多配置的倍率是20～60倍。通常我更倾向于固定一个30倍的目镜，但是在很多观鸟环境中，变焦目镜的使用价值更高且更容易满足大多数观鸟者。

单筒观鸟镜的物镜口径一般都在60～85mm之间。和双筒望远镜一样，单筒观鸟镜的物镜口径越大，通过的光就越多。越便宜的单筒观鸟镜，其物镜口径越大，则成像越明亮清晰。如果你买不起顶级的单筒观鸟镜，那么挑选的原则就跟挑选便宜的双筒望远镜一样——物镜口径越大，放大倍率越低时，成像越清晰明亮。

Q **在野外观鸟时，领队们总能通过他们的单筒观鸟镜快速找到距离很远的鸟，他们是怎么做到的呢？**

A 你观察得越多，速度就会越快。如果你用的是变焦目镜，当你扫描寻找目标时把它设置在最小倍率，一旦锁定目标就马上推进放大。

当学习使用双筒望远镜时，人们最初都是选定远距离的树或其他静物作为练习目标。当我入手第一个观鸟镜时，我就开始记录通过它观察到的鸟种。最初几周进展特别慢，但在增加观测鸟种的驱动力下，我很快就能以惊人的速度找到鸟了！

Q **我在本地观鸟俱乐部网站上看见无数观鸟者拍的照片。我原以为摄影师拍照需要各种各样的专业设备并躲在帘子后面，但这里很多照片都是他们在野外旅行中的成果。我们如何能在保证野外旅行团队行进的同时拍出这样优秀的作品呢？**

A 许多相机公司都出售"扩展变焦"相机，可放大15倍甚至更高，且图像稳定，所以拍出的照片还算清晰。我基本随身都会携带一台。

另一个观鸟时兼顾拍照的办法是给单筒望远镜配置一部小型数码相机。为保持相机机身稳定且与光学镜片距离最佳，许多光学公司有特制的镜头适配器出售，一些观鸟者也会利用类似感冒药量杯或塑料维生素瓶的上半部分自制一个临时的转接口。我用这样的方法也拍出了一些高质量相片。通过单筒观鸟镜用小型数码照相机拍摄照片的方式被称为"单筒数码摄影"（digiscoping）。你可以通过网站www.allaboutbirds.org去学习更多的拍摄技巧并了解案例。

Q **我看见很多观鸟者在使用电子产品。他们用来做什么呢？**

A 观鸟者都在跟踪当地稀有鸟种，通过互联网邮件列表更新信息，用iPhone或其他设备随时查阅最新的帖子。当一个稀有鸟种被观测到时，很多观鸟网络都会通过手机短信推送消息。现在越来越多的观鸟者会随身携带iPod、iPhone，或配有耳塞或小音箱的mp3播放器。有时他们会反复听鸟鸣录音来帮助自己识别鸟种；有时他们会在野外播放录音来引诱鸟儿靠近现身以便看得更清楚，这种方式被称作"回放"（playback）。我之前这么做过几次，非常有效，但对于那些疲于迁徙或忙于筑巢的鸟来说，此举可能会干

扰它们的正常活动。千万不能用这种方式去招引稀有鸟种，成百上千的观鸟者都会尝试要找到它们——这种持续的干扰很可能会导致它们营巢失败，迫使它们飞往更安静的地方，甚至导致其生命的结束。也不能在众多观鸟者集中的地点使用，那里同样存在非常多的干扰因素。

观鸟者在野外观鸟时还可能会携带其他电子设备，包括录音设备——抛物线式或强指向式麦克风等。一个价格适中的数码录音笔并不比一副扑克牌大，携带很方便。如今越来越多的观鸟者开始制作他们自己的高质量录音作品。当然，很多观鸟者也会带着相机拍摄照片和/或视频。

学习更多关于鸟类的知识

Q **一个观鸟者除了要准备双筒望远镜、野外手册，也许还有单筒观鸟镜。除此之外，还有其他需要准备的器材吗？**

A 是的，每位观鸟者还应该随身携带一个野外笔记本和一支钢笔或铅笔。野外笔记本是必不可少的装备——不仅仅是为了观鸟名录，还可以记录你看到的数量以及观察到的有趣的行为，你所去的地方和当地的天气情况。当你开始观鸟时，你可能想要给看到的每只鸟都备注上它所处的生境，尤其是你不熟悉的种类。你需要花些功夫有意养成在野外每15分钟记录一次的习惯，有时在野外你会希望像鸟儿一样自由自在，随身携带的笔记本可能会成为累赘。但是你很快就会庆幸自己把信息记录在本子上，并且养成随时做记录的好习惯，特别是当你遇见需要存档的罕见鸟类时。

观鸟商店有防水螺旋笔记本出售，而成本低一些的小型笔记本在大部分的野外环境中也很实用。为轻装简行，有的人会在家中准备一个活页夹，随身只在野外手册中夹上几页纸，必要时折叠一下夹进去。实用的方式是准备一份常见鸟类名录，留出足够的空间来追踪记录每个种类的数量并做笔记。几年后当你再翻开这些笔记的时候，一定会觉得特别美好。如果你再把这些数据上传到www.ebird.org网站上面，它们的价值会更大！

Q 有如此多的野外手册可供选择，我应该怎么选呢？

A 最初你可以在图书馆或者书店浏览一遍这些手册，这样做可以使你了解哪种更适合你。大多数有经验的观鸟者会更倾向于选择专家手绘版的野外手册，而不是照片手册。优秀的鸟类艺术家会用类似的姿态去描绘不同的鸟，他们的经验及知识能帮助你依据重要的生境标志来锁定鸟种。但是对于照片手册来说，光照条件

和鸟类姿态的差别可能会模糊它们的识别特征，使其重要特征不明显或突出了不重要的部分。即使那些会用数字修图的方式来保证不同种类间的颜色差别更加准确的高品质照片手册，仍难以完全避免误差。

对于野外手册而言，尺寸大小相当重要。因为如果你的手册太大，你去野外观鸟时一定不想随身带上它；但如果它太小，可能就囊括不全这一区域内可能会观察到的鸟。如果最终你想成为观鸟高手，那你首先可以入手一本涵盖北美所有鸟的鸟类图鉴，或至少涵盖西部或东部的所有鸟。

《夏威夷的鸟类》（*Hawaii's Birds*）是由夏威夷奥杜邦协会出版的小册子，是唯一一本覆盖了这个州所有鸟种的野外手册。除此之外，我从不推荐其他仅涵盖某一个小区域的野外手册——几乎每个初学者在观鸟的最初几个月都会遇到几种没有囊括在极简版野外手册中的鸟种，很容易导致识别错误并受挫。

当你浏览野外手册时，记住上面几点，然后选择几本综合评价最好的版本。在每一本里查找两三种你比较熟悉的种类进行比较，看哪本与你之前在野外实际观察的印象最接近，结合颜色与姿态综合判断，同时考虑在书里查找这些鸟的难易程度。牢记：挑选野外手册与选择望远镜一样，永远没有“最好”。除去一些基本因素外，个人喜好更重要。

Q 我可以通过野外手册里的名录索引找到我认识的鸟，但如果我不知道鸟的名字，在它飞走前我就总也查不到。是我哪里做得不对吗？

A 大多数野外手册并不是按字母顺序或者颜色编排的，而是根据种间亲缘关系排序。当你新入手一本野外手册后，唯一且最重要的一点是从头到尾翻阅一遍，熟悉每个类群在书中的排列顺序。每天翻阅几遍，注意它们的形状、相对大小、颜色模式以及行为和生境的描述。

你可能注意到，许多在水中游泳的鸟，形状看上去会有一点像鸭子，但它们跟鸭子、雁鹅、天鹅并不是同一类群。鸊鷉、潜鸟、骨顶鸡、鹈鹕、鸬鹚，以及那些小型滨鸟中的瓣蹼鹬类，它们游泳的方式都像鸭子。尽管这些鸟表面上看起来有很多相似之处，但它们代表着不同的进化路线，所以在大多数图鉴里被收入不同的章节。

尽管颜色模式很重要，但是把它们按科归类更为重要。很多鸟都是全身羽毛全白，只有翼尖有一点黑，像美洲鹈鹕、雪雁、美洲鹤、美洲白鹮和海鸥；如果你发现它们其中一种，除非你能翻到它所在科的那一页，否则它的颜色对你鉴别种类并没有太多帮助。而且，如果光照条件不好，色彩的呈现可能也不会很理想。此时鸟的外形和姿势就成了首要的识别特征。

当你浏览野外手册偶然发现一个有趣的种类时，千万不要只看关于这一种的描述——回到前面仔细阅读其所在科的介绍，同时注

意与该科其他亲缘种的比较和对照。经常这样做之后，野外手册很快就会成为你熟悉的老朋友，你也能很容易地识别出鸟的科属特征，这是掌握鸟类识别的关键一步。你在家里这样做的次数越多，在野外识别鸟种的速度就会越快。

Q 为什么不按颜色编排野外手册呢？那样查找起来就简单多了呀！

A 如果按颜色编野外手册，对于查找仅有一种颜色的鸟类来说确实会变得很简单，比如天鹅、主红雀或者乌鸦。但是野外手册作者该把蓝鸲[①]归在什么颜色里呢？当然，很多时候我们看到的都是它们鲜艳的蓝色背部，但是如果从前面观察一只东蓝鸲或西蓝鸲，看到的则主要是红色，而非蓝色。大黑背鸥应该是黑色还是白色呢？红翅黑鹂应该归在黑色还是红色部分呢？丽彩鹀应该归在红色、蓝色，还是绿色部分呢？如果我们将鸟身上所有突出的颜色都作为归类标准，并收录在每一个相关颜色的章节里面，那这本书就会重得不能被称为野外手册了！

---

① 译者注：北美的蓝鸲（bluebird）有三种——山蓝鸲（Mountain Bluebird，*Sialia currucoides*），东蓝鸲（Eastern Bluebird，*S.sialis*）和西蓝鸲（Western Bluebird，*S.mexicana*）。这三种蓝鸲雄性个体背部均为鲜艳的蓝色，但只有山蓝鸲雄鸟全身蓝色，东蓝鸲和西蓝鸲雄鸟的胸部均呈棕红色。

Q **我在清理祖父的阁楼时，找到很多笔记本，里面是鸟类名录及他是在何时何地观测到这些鸟的详细记录。有的记录甚至发生在20世纪40年代！这些记录有意义吗？**

A 当然有意义。鸟类学家们对鸟类的长期数据非常感兴趣，尤其是这些包含了数量的信息。然而，这些记录只有在研究人员得到并将其用于研究分析时才更有意义。我建议你将你祖父的观鸟记录上传到eBird网站上，网址是www.ebird.org。这是康奈尔鸟类学实验室和美国国家奥杜邦协会（National Audubon Society）合作的项目，鼓励观鸟者将观测记录上传到线上永久数据库；然后通过地图、图表和表格与科学家及其他观鸟者共享。

观鸟者也可以将电子文件存档为其他格式，然后将这些记录上传到eBird网站上，上传之后，任何人都可以调取任何时间的观鸟记录，无论记录的是某次清晨的观鸟之旅还是数十年前的观鸟见闻。

观鸟的内涵与外延

Q **对我来说，在树林里观鸟总是很难。我可以听到很多鸟在树上鸣叫，但是通常一只也看不见！我哪里做错了吗？**

A 乔灌木茂密的树枝和树叶使观鸟者在树林里观鸟很困难。你要有足够的耐心才能成功观测到。养成沿着每一根树枝仔细搜寻的习惯，听见任何声音你都需要非常耐心地透过树枝去寻找歌

者。有时我们很难根据鸟的声音去估测它的方位及与我们的距离，这时就需要我们在附近走动走动——左右走两步可能会帮助你精确判断这只鸟的位置。

有些鸟在鸣唱时飞来飞去，叫声也就跟着移动。有些鸟在鸣唱时会有几分钟静止不动。如果你不能识别出它们的形状，那在它们飞走前你是发现不了的。如果这些鸟在树顶上，观察起来就更棘手了，因为有太多的树叶、树枝掩护它们。观察周围，寻找更好的观测点会对你有帮助，比如一块大石头或一段树桩，就是能给你更宽广视野的稍微开阔的地点。

在迁徙期间，林莺、绿鹃、戴菊和其他候鸟经常会寻找山雀同行。因为山雀对它们的树林了如指掌，也不介意有同伴，所以和山雀同行的候鸟能够更高效地找到食物和躲避捕食者。聪明的办法是通过叫声搜索山雀，并对其周围的任何动静都特别关注，以此来搜寻其他小鸟。

低倍率的望远镜在森林里大有用处。相比于高倍率望远镜，它拥有更广的视野，可以让鸟出现在你视野里的概率更大；同样的尺寸，低倍率望远镜的成像更明亮，这一点在树冠厚重的荫蔽地区优势更大。

观鸟者在森林中经常会模仿幼鸟遇到麻烦时的“spish spish spish”声。这种声音有时能把鸟短暂地吸引过来进入你的视野。但你仍然应该保持警惕，因为当它们过来发现你后，可能就又会躲进树叶里了。

对于一个初学者来说，你在森林或其他生境中看过的鸟越多，你能发现的鸟也就越多。第一个"越多"可能会有一点棘手，但是当你渐渐熟悉了每个类群，你就能认出植被类型以及在这种生境中最有可能出现的鸟。每增加一条新的个人记录，找到下一个鸟种就变得更加容易。

当你跟一个老练的观鸟者外出时，他几乎能叫出每一种你都没见过的鸟的名字，这时千万不能气馁。大多数有经验的观鸟者都能识别鸟类的声音，他们叫出的鸟种大都是听到的而不是看到的。要敢于寻求他们的建议并要求他们指给你鸟的方位。他们大多数都会愿意分享自己的经验。

Q 观鸟是独自一人更好还是结伴同行更好?

A 一个初学者要想变得更专业，有一个捷径就是参加本地的观鸟活动或与经验丰富的观鸟人一起观鸟。相比于一个人观鸟，结伴同行，能使你更快地了解最佳观鸟点，得到专家给出的各种有价值的建议，更好地测试单筒观鸟镜，更快地建立属于你自己的鸟类记录档案。而且与志同道合的人一起观鸟所建立起的这种友情会使观鸟变得更加有趣。

即便如此，我建议你仍要保留一半的时间独自观鸟。在野外观鸟时，初学者通常会遵从专家及那些有经验的观鸟者的意见，甚至

不会再深入探讨，因为答案现成，来得过于容易。一旦你用来总结失败教训的时间变多，你的经验也会变得越来越丰富。去开发冷门观鸟点，偶遇尚未被人发现的“好鸟”，是独自观鸟的另一优势。

有一个志同道合的“鸟友”可以使你的观鸟经历更加精彩。关键是找对人。理想“鸟友”需要和你有同样的观鸟节奏、经济能力、时间自由程度和竞争力，并且观鸟水平与你相当，这样你们就能互相切磋，一起进步，达到更高的专业水平，在长途旅行时互相做伴也会很有趣。这样的理想“鸟友”很难遇到！但是如果你能遇到一群志趣相投的观鸟者，偶尔一起相约同行也很不错。当去的观鸟点相对较远时，或去追的鸟比较热门时，途中你既可以享受朋友的欢乐相伴，又可以分摊开支和汽油成本。

Q **有些人说，我们无须在意观鸟时着装的颜色。又有些人说，不穿鲜艳的颜色就行。还有些人说，除了白色，其他颜色都可以穿。我还注意到，人们去寻找象牙喙啄木鸟时，都穿迷彩服。我该听谁的呢？**

A 我曾经穿着颜色鲜艳的衣服观过很多鸟，它们中有：被我鲜红色帽子吸引过来的蜂鸟，被我亮橘色伊利诺伊大学T恤衫引诱来的拟黄鹂，还有与我红条纹自行车头盔进行过一场短暂但激烈的领土战争的红翅黑鹂。以上这些经历表明，鸟类的确会注意到鲜艳的颜色。但请注意，它们会被鲜艳的颜色吸引，但也可能在发现我之后产生警惕，让我很难再看见它。

很多观鸟者认为白色是最不能穿的颜色，因为它太惹眼。很多动物，从白尾鹿（white-tailed deer）、棉尾兔（cottontail rabbit）到暗眼灯草鹀，在逃跑时都会利用身体的白色部位作为示警信号，警示同伴赶紧逃跑。记住，鸟害怕的不是颜色，而是你。所以，谨慎起见，应尽可能穿不显眼的野外服装。

当然，对于鸟类敏锐的视觉和听觉感官而言，即使我们身着迷彩服，也很难不被发现。然而大部分鸟类摄影师证实，当他们最大限度地与环境融为一体的时候，拍到理想照片的机会也最大。所以许多领队要求鸟友在野外观鸟时穿暗色服装。不管你是否赞同他们，出于礼貌是该遵守的。

比选择衣服颜色更为重要的是观察时缓慢行走，不要突然地加速运动，要压低声音，时常停下来仔细看、用心听。

Q 我看见过一只罕见的鸟，但当地观鸟俱乐部里的观鸟者都不相信我。他们怎么如此傲慢?

A 不要难过——即使是面对最有经验的观鸟大咖，他们也会质疑！这与傲慢无关，只是为了确保国家或当地观鸟组织记录每一个鸟种都尽可能百分百地准确。对大多数观鸟或鸟类学机构来说，要想将一个稀有鸟种收入记录，需要清楚地展示出所有关键的野外识别特征，并一一排除相近种的可能性。因为野外拍照变得越来越容易，所以越来越多的机构要求提供照片证据才接受那些关于特别罕见鸟种或新种的记录。

至关重要的鸟类记录

一本鸟类记录是一个观鸟者观鸟生涯中看到的全部野生鸟类名录。大多数观鸟者只统计在大自然中发现的鸟的只数，不包括动物园中的或宠物鸟，以及野生动物康复中心里的鸟。观鸟比赛涉及在大自然中寻找和识别鸟类两项指标，笼养鸟并不包含在内。

当然，你的鸟类记录是你自己的事，若你想统计在动物园、鸟笼，甚至是电视里看到的鸟种，也没有关系。只是当别人问起，“这些鸟都是在哪里看到的”或“你看到过多少种鸟”的时候，如果你不遵守美国观鸟协会的规定，那么你的答案仅对你自己有意义，对其他人毫无意义。

美国观鸟协会持续追踪那些想要提高观鸟水平的观鸟人的成绩。2007年的观鸟数量最高纪录是来自西班牙的汤姆·吉利克（Tom Gullick），在全球范围内看到了8702种鸟。北美地区的最高纪录保持者是来自密歇根的麦克林·史密斯（Macklin Smith），876种；同时他也拿到了美国（包括夏威夷在内）的最高纪录，921种。只有极少数加拿大鸟种在美国本土和阿拉斯加没有分布，但是夏威夷的鸟种为记录贡献了不少——不仅有本地鸟种，还有许多引入种逐渐建立种群，以及沿海岸可以看到的远洋性鸟种。

每年美国观鸟协会的年度名录里包括了美国每一个州和加拿大安大略省，以及每个大洲和每个国家的观鸟记录，可以在网站www.aba.org/bigday上查找索引。为了保证竞赛的公平，观鸟者们都必须遵守相同的记录规则，该规则的详细信息可以在美国观鸟协会网站上面找到。

当看见一只稀有的鸟时，我应该怎么做？

当你在野外观鸟时，记录下你观察到的鸟的每一个野外特征、姿态和行为，以及与它周围物体或其他鸟的相对大小。最好把它画下来，如果能拍照记录会更好。记下你的思考过程：你是怎样认为它是X而不是Y或Z，并一定要解释你是如何排除其他近似种的。如果你有稀有鸟种的报道模板，复印一份，折好夹在野外手册里，以备在野外遇到时可以随时取出来填好。

即使是在对这只鸟全面细致地观察之后，也不要羞于使用你的野外手册，而且一定要仔细阅读文字描述，以确保你注意到了所有重要的野外识别特征，并且与每一个相似种进行比较。专业的观鸟者认为，如果你说你发现的这只鸟“看起来非常像书里某只鸟的图片”，这会让你失去信誉。如果你确实与野外手册里的说明做了对比，一定要指出它与手册里的图片具体哪里相似，哪里不同。

在鸟飞走后，再次查阅资料，以确保没有遗漏任何应该观察到的细节。当你十分确定你的判断后就可以拨打你们当地的观鸟热线了，除非大批观鸟者的追踪观察会使该种群面临威胁。同时，还可以在网站www.ebird.org上发布，以及向你们当地和国家观鸟机构报道这一消息。这只鸟的稀有程度决定了你是否需要提交所有相关记录。

Q 我曾经读到过，在美国有些地方，一天内能有超过10万只鹰飞过，而在墨西哥的某个地方，一天内能有超过100万只鸟飞过。这么大的数量是怎么数出来的呢？

A 给你举一个我曾亲眼见证的例子。2003年9月15日，在明尼苏达州德卢斯市的鹰岭鸟类观测站（Hawk Ridge Bird Observatory），当时计数了102329只猛禽。其中，有101698只巨翅鵟、445只纹腹鹰和83只美洲隼，以及其他种类。他们是怎么数出来并直接计数到种的呢？

那天，现场有好几个计数员，每人负责天空中的一个区域，而且每人配一个志愿者协助记录。鹰岭悬崖距离苏必利尔湖有1英里（约1.6千米）。其中一名计数员负责湖面上空的鸟，以天空和湖面作为参照物；另一名负责计数山脊下面飞过的鸟，以房屋和树作为参照物；一人负责数头顶上方飞过的鸟，还有一人负责数湖对面沿着另一侧飞的鸟。这些鸟都平行于湖面飞行，所以飞行路线没有交叉，但观测站中其他经验丰富的观鸟者仍会全程追踪这些鸟的运动模式，一旦有个别鸟儿转变路线就马上提醒计数员以防重复计数。

在计数巨翅鵟时，计数员常常几十只甚至上百只地数，然后把每团（在一起盘旋的鹰称为一团鹰，数量从五千到更多不等）的最终数字报给志愿者，然后记录下来。同时，当纹腹鹰飞过时，计数员按动机械计数器记数。每一小时保存一次，之后计数器归零。计数者在数这两类鸟时，如果有其他种类的鸟飞过，他会让志愿者单独记录该种鸟的数量。

就在2008年数鹰季结束的那天，鹰岭过境猛禽数量创下了最高纪录。第二高的纪录是在1993年的9月18日，共49548只。在8月至11月的整个迁徙季节里，鹰岭平均约有100000只鹰过境。得克萨斯州科珀斯·克里斯蒂市（Corpus Christi）南边的黑泽尔巴兹莫尔赏鹰节（the Hazel Bazemore Hawk Watch），经常有日计数100000只以上的报道——有时甚至到400000只——全年平均在720000只左右。最高纪录是在2004年9月28日，日计数520267只猛禽，共13种；其中有519948只巨翅鵟。

Q 我计划下个春季去得克萨斯州，沿着墨西哥湾观测迁徙鸟类。我该怎样安排行程以使那几天收获最大？

A 4月正是沿得克萨斯州海岸观鸟的理想时间。迁徙鸣禽在4月初开始大批量抵达那里，但是林莺一般在4月的第三周时才会达到高峰。天气对鸟类的迁徙有很大影响：通常偏南风会使鸟类横跨墨西哥湾，而得克萨斯州海岸的降雨又会使它们留下来。留下来的鸟不仅数量巨大，而且莺科种类能达30种之多！

除非你正好有一架私人飞机，当最佳天气到来时能立即起飞，否则，需要足够幸运才能在迁徙季的最佳日子里看到迁徙高潮。你需要有一个备选计划以防原定观鸟点的鸟况不佳。提前了解附近的观鸟点有利于制订备选方案。美国观鸟协会公布了很多观鸟热点地区的鸟友指南，这让制订行程路线变得有趣且容易。记住，跨越墨西哥湾的迁徙队伍常常在下午才会到达得克萨斯州海湾上空。所以，即使早晨鸟况不佳，下午都值得再去一探这个“迁徙的陷阱”。

每个秋季，几乎全球所有的巨翅鵟和斯氏鵟都会在15天的时间里集中穿越墨西哥的韦拉克鲁斯（Veracruz）。单日计数可以超过100万只！更大的迁徙队伍出现在巴拿马运河上，那是所有鹰隼类猛禽从北美向南美迁徙的必经之地。

迁徙鸟群计数

计数大规模鸟群是另一项观鸟技能，同样需要熟能生巧。从计数停在树上或落在地上的较小鸟群开始会容易一些，然后再逐渐增加难度。单一种类的小群可以一只一只地计数，大一点的鸟群常需按组计数，并以尽可能小的组为单位。

在大多数地方，你常常可以以5只或者10只鸟为一组对单一种类鸟群进行计数，但当你处于岸边或湿地中一个主要的鸟类聚集地时，你可能需要学着以20只甚至100只为一组去计数。如果这是一个巨大的聚集地，你需要将整个鸟群尽量平均分成几个部分，数出其中一个部分的数量，再乘上部分数，从而得出一个合理的估算值。

要学会计数飞行中的鸟类，需要观鸟者从小规模鸟群开始练习。锁定一小部分数清数量，再推算出整个鸟群的数量；或者计数单位时间内飞过某一点的鸟群数量。

Q **我女儿很喜欢鸟。有哪些职业符合她的兴趣呢?**

A 有很多学科分支她都可能感兴趣，包括鸟类学、野生动植物生物学、生态学、保护生物学、行为科学、鸟类生理学及兽医学。

她可以考虑在初等教育阶段以合适的方式将鸟类研究完美地整合到多学科项目中，包括康奈尔鸟类学实验室的“鸟类侦查”（Bird Sleuth）项目及“一路向北”（Journey North）在线课程等在内的课程，都会使鸟类学教学变得更简单易懂。高中生物老师可以向学生介绍鸟类，并鼓励他们学习自然科学。

如果她法律意识强，可能想做一个保护鸟类的环保律师。如果她既喜欢鸟类也喜欢写作，可能环保作家、记者或电台节目主持人这类职业都会是很好的选择。如果她喜欢户外，那她应该能胜任政府机构或公益组织的野外实地工作或者当一名观鸟导游。

冠蓝鸦会在与家庭或族群成员平静进食或照料雏鸟时将冠羽收起来。

留意乌鸦

在有些地方，短嘴鸦的生活具有两面性。它可以全年占领领地，让整个大家庭在这里一起生活和觅食。但一年中的大多数时候，个别短嘴鸦为了能在冬季有更大的树枝夜栖，也会离开自己的家庭领地去加入一个在垃圾场或者农田的更大群体。家族成员会一起加入这个群体，但不会总是待在一起。短嘴鸦在一天中会花一部分时间和家庭成员一起待在城镇里，其余时间则加入一个群体，在郊外的垃圾场一起觅食。

在公共栖息地可聚集几百只到两百万只乌鸦！有些聚集地已经延续了一百多年。在最近几十年里，有些乌鸦迁入城市栖息，其导致的噪音和卫生问题给人类造成了困扰。

有时它们也会与家中宠物产生矛盾。我曾观察到三只短嘴鸦每天早上等我邻居离家上班后就飞进她家院子里。在她开车出发前，她会拴好她的史宾格犬并给这只大狗备好一碗狗粮。还没等她坐上车，这些乌鸦就飞到了院子里，慢慢踱向史宾格犬，并凝视着它。那狗胆怯地退后并让出食盘，眼睁睁地看着乌鸦们用狗粮把自己喂得饱饱的再从容离开。

美国观鸟协会的观鸟行为准则

鸟类会照常活动，不会在意你看着它，但是观鸟，尤其是大规模的团队观鸟，或是在敏感或热门地区观鸟，却会使鸟类紧张，有时还会破坏它们栖息的生境。观鸟者在巢区附近应高度谨慎，因为受惊吓的鸟儿可能会引起附近捕食者的注意。

美国观鸟协会（www.aba.org）专门编写了《观鸟行为准则》，以指导观鸟者避免可能使鸟类受到伤害的各种情况。这套指南的核心理念是："鸟类与观鸟者之间的任何利益冲突，都应以保证鸟类福祉及其生存环境为准。"

观鸟行为准则

1. 提高鸟类福祉，改善其生存环境。

1(a). 支持保护重要的鸟类栖息地。

1(b). 避免干扰鸟类或使其暴露在危险中，在观察、拍照、录音或摄影时须克制和谨慎。

限制使用录音或其他方法招引鸟类，以下情况下则严禁用录音或其他方式招引鸟类：在鸟类大量聚集地区；对象为"受胁""濒危"物种；对象为需特别关注的物种；对象为本地区稀有物种。

远离繁殖中的鸟巢、巢群、夜栖地、求偶场及重要的取食地。在这些敏感区域，如果需要进行长时间的观察、拍照、摄影或录音，应尽量利用天然掩体隐蔽起来。

在摄影或拍照时，尤其在拍特写镜头时，应尽可能减少人造光源的使用。

1(c). 在公开宣传稀有鸟种前，应估计对该鸟、其周围环境以及该地区其他人可能造成的干扰；只有当访问可控、干扰最小，且得到私人土地所有者许可的情况下才可以进行。稀有鸟种的营巢地只能报告给相关的保护机构。

1(d). 尽可能在已有的公路、小路和小径上行走；如果无法做到，也应将对栖息地的干扰降到最低。

2. 遵守法律，尊重他人权利。

2(a). 未经拥有者明确许可，勿进入私人领地。

2(b). 无论在国内还是在国外，遵守所有道路和公共场所相关的法律、法规和条例。

2(c). 在与他人交往中遵守公共礼节。你的模范行为会给观鸟爱好者和非观鸟者都留下良好印象。

3. 确保喂食器、巢箱和其他所有人工鸟类设施都是安全的。

3(a). 保持喂食器、水和食物的清洁，没有腐烂物和疾病隐患。在气候恶劣时要保证不间断地给喂食器添加鸟粮。

3(b). 养护和定期打扫鸟巢设施。

3(c). 如果你想将鸟吸引到一个地方，应保证鸟不会受到猫及其他驯养动物的侵害，或人为事故的伤害。

4. 组团进行观鸟时需要特别注意以下事项。

团体中的每个成员除遵守上述第1、2项外，还应遵守团队纪律。

4(a). 要尊重同伴和参加其他合法户外活动的人的兴趣、权利和技能。在遵守1(c)行为规范的前提下，坦诚交流你的知识和经验。对观鸟初学者给予特别的帮助。

4(b). 如果你看到不道德的观鸟行为，应了解情况，慎言相劝。在调解过程中，应指出他（们）的不当行为，尝试适当地制止。如果不当行为还在继续，将其记录下来并通报相关个人和机构。

无论是在业余旅行还是专业旅行中，领队责任都包括以下几点。

4(c). 成为遵纪守法的典范，言传身教。

4(d). 团队的规模应控制在不影响环境和干扰该地区其他人的范围内。

4(e). 确保团队中的每个成员都了解这一规则。

4(f). 了解并告知行程目的地的特殊规定（例如不允许使用录音机）。

4(g). 承认专业旅游公司有责任将鸟类福祉和使公众获取知识的福祉优先于公司商业利益。理想情况下，领队应该追踪行程踪迹，记录异常情况并送交相关机构。

请遵守此规则，并传播给他人。

—— 第三章 ——

和鸟类朋友和睦相处：解决鸟类的问题

自然时常与我们的生活发生冲突。鸟类构造精巧，却也常常给我们带来麻烦：主红雀与自己在窗户上的倒影打架，啄木鸟在木质护墙板上打洞，雁鹅聚集在高尔夫球场上。如果每次有人打电话问我如何解决鸟类导致的问题时都能给我一分钱，我就发财了！一些问题确实比较难，但多数情况下，我们能够在不伤害鸟类的前提下解决这些问题。该怎么办呢？你能这样问，我就很高兴了！

“鸟”——现实中的恐怖①

Q **在过去的几周中，我都被啄木鸟凿房子的声音吵醒，还能看到它在屋檐下凿的洞。我试过把它赶走，然而根本没用。它们为什么一直吃我家房子呢？**

A 实际上，啄木鸟吃的并不是你家房子，尽管如此，它们在房子上凿洞也是让人很不舒服的。它们会吃木头里的虫子，并在需要筑巢、休息或贮存食物的时候，在木头房子上凿出洞来。如果你家房子的类型合适，它们还会敲击房子发出声音来保卫领地或吸引配偶。

① 译者注：指希区柯克的恐怖片《群鸟》。

啄木鸟会寻找共振最强的结构，敲击出特定频率的声音来保卫领地，敲击常常从大清早就开始。这种敲击声很大很吵，但并不会造成什么严重的损害，通常也就是在角落、横梁或饰板上留下一堆小坑。有时候坑可能会有1英寸（2.5厘米）宽，呈浅的圆锥形。

如果敲击声不响亮或者不共振，那可能是啄木鸟在寻找食物。有时候虫子会钻到壁板里，尤其是起槽胶合板里。切叶蜂（leaf cutter bee）和木蜂（carpenter bee）、草蓑蛾[①]（grass bagworm）等昆虫的幼虫会爬进壁板凹槽里。当啄木鸟听到虫子在壁板里面爬行的声音，它们就凿穿隧道找到虫子。这种洞一般都比较小而且集中，通常会3～6个排成一排。

有时候啄木鸟也会在房子上打洞筑巢或休息。这种洞通常位于森林附近的由染成深色的木材或自然木材建造的房屋上，一般春季开凿，并且大小足够让啄木鸟容身。

橡树啄木鸟会将食物藏在洞里。这些洞大概就是你所期望的大小，而且里面肯定会有它们藏起来的橡子。好在，它们一般是在树上而不是房子上凿洞贮食。

① 译者注：一种专门取食草的蓑蛾。

对啄木鸟造成损失的研究

康奈尔鸟类学实验室于2007年进行了一项实验，对纽约市伊萨卡岛附近的1400间房屋进行了调查，了解哪些房屋是最吸引啄木鸟的。实验还测试了6种常见的恐吓方式，并对比它们在防治啄木鸟损害上的效果。

实验发现，啄木鸟最有可能损害那些被蚂蚁或木蜂侵害的房子；还发现，相比于塑料或铝质包边、漆成浅色的房子，用染成深色的木材包边或者将颜色漆成深色的房子受到啄木鸟的损害更多。

如果你家的房子比较吸引啄木鸟，你能做些什么呢？研究测试了一些能够驱赶啄木鸟的恐吓措施，比如：放置和真猫头鹰一样大小的有纸质翅膀的塑料猫头鹰，以及反光彩纸、串在鱼线上的塑料眼珠，或者播放啄木鸟遇难时的叫声或鹰的叫声，等等。实验还为啄木鸟提供了特制的栖息巢箱和牛羊板油喂食器等备用选择。在这些措施中，只有彩色塑料纸是一直有效的，但也只能减少50%的损害。

大多数情况下，解决啄木鸟问题并不只是简单地将它们赶走。康奈尔鸟类学实验室有丰富的资源，帮助你确定是哪种啄木鸟造成的损失以及如何有效解决这一问题。“寻找啄木鸟：损失、预防和控制”的网址是www.birds.cornell.edu/wp_about。网站建议用木头腻子及时填补房屋木材上出现的啄木鸟巢和栖洞，并用麻布遮住这些地方一段时间，防止啄木鸟再找到它们。麻布能够让木头的声音变得低沉，因而可以减少啄木鸟的敲击。

被蛀虫侵害的木材比较难处理，只要你的房子里还藏有食物，啄木鸟就会坚持造访。为了解决这一问题，首先你得祛除蛀虫，然后用木头腻子彻底修复蛀洞。

Q **过去三年的冬季，一直有冠蓝鸦在我家房子的南墙上啄食，到了冬末，它们几乎把所有的油漆都啄掉了。它们为什么要这么做呢？有什么方法能不让它们这样吗？它们这样不只是搞破坏，而且每天早上天刚亮就在墙上啄来啄去，实在太吵了！**

A 2000年至2001年冬季，喂食器观察项目（Project Feeder Watch）的一名参与者德布拉·贾塞科（Deborah Jasak）也曾致电康奈尔鸟类学实验室反映了同样的情况，冠蓝鸦啄取她家位于新罕布什尔州房子的油漆。当喂食器观察项目的工作人员询问其他人是否也遇到了这种问题时，他们惊讶地发现这种情况十分普遍。在《波士顿环球报》（*The Boston Globe*）报道了这个故事之后，马萨诸塞州奥杜邦协会（Massachusetts Audubon）收到了150份冠蓝鸦啄食房屋表面油漆的报告。

它们为什么要这么做呢？可能因为油漆工厂把碳酸钙或石灰石作为油漆的调和颜料，使油漆成为钙质来源。另一个喂食器观察项目发现，冠蓝鸦所需钙质是其他鸟的两倍以上。它们取食房屋油漆的现象多发生在东北部，那里的土壤通常含钙量较低。当德布拉·贾塞科投放了一些蛋壳后，冠蓝鸦转而开始吃蛋壳，不再损害她家房子。她也尝试了其他含钙物质，比如牡蛎壳、沙子、泥土和矿物质，其中只有蛋壳有效，并且如果蛋壳被雪覆盖，冠蓝鸦又会开始啄食房子上的油漆。

在少数情况下，冠蓝鸦吃了蛋壳后还会来吃油漆。这些聪明的社会性鸟积习难改，沉浸在啄取油漆的乐趣中。你需要将被它们啄坏的区域用屏风或麻布遮盖起来，或在那里悬挂漂浮的氦气球。我在救助鸟类的时候了解到，多数鸟，尤其是冠蓝鸦，貌似都害怕氦气球和它们飘忽移动的模样。

嫌疑犯

一些西丛鸦自己寻找食物，另一些则会偷窃其他西丛鸦、橡树啄木鸟或北美星鸦等贮藏的食物。研究人员发现，当“小偷”西丛鸦藏食物的时候，它们会花费大量时间查看周围是否有其他同类在监视；不偷窃的西丛鸦则不会想很多，并且不会在贮藏食物的时候左顾右盼。西丛鸦偷窃次数越多，它看起来就越发多疑。

不过，有些动物则很乐得西丛鸦偷窃它们的食物——如果这些食物正好发霉生虫了的话。西丛鸦经常站在骡鹿背上啄食蜱虫。骡鹿看起来很感激西丛鸦的帮助，安静地站着，还把耳朵竖起来以方便西丛鸦取食。如果你读过杰克·伦敦（Jack London）的小说，你应该会记得他曾经提过的“鹿鸟”（moose bird），那是灰噪鸦，“鹿鸟”的昵称正源于它们有时会在驼鹿身上啄寄生虫吃。

Q **一只主红雀老往我家厨房窗户上飞。我觉得它是故意的，这快让我烦死了，怎样才能让它停下呢？**

A 许多领域性鸟发现自己领域内有同种同性别的其他个体时，都会非常愤怒。所以它们会攻击窗户或汽车反光镜上自己的倒影。主红雀和旅鸫最容易攻击自己在窗户上的倒影，并且通常雄性更会这样做。有时候，雌性主红雀或旅鸫也会这样，其他一些物种也偶尔会攻击自己的倒影。

在自然界中，当雄性主红雀在其领域内发现另一只主红雀的时候，它首先会发出警告叫声，或飞到树枝上鸣叫，还可能立即放下冠羽发出pee-too或chuck的叫声。如果入侵者不走，它会放低身体，张开嘴，扇动翅膀，发出各种不同的叫声。如果另一只主红雀还不走，它就会跳上前去，一般入侵者在被它攻击到之前就逃走了。野生主红雀通常排挤邻居，表现出一些领域争夺的姿态，但一般不会直接打斗，它们的争斗可以持续30分钟，但身体攻击可能只有数秒钟。

然而倒影并不会离开，也不会发出回应叫声。为了将倒影驱赶走，主红雀进入了彻底的战斗状态，扑到玻璃上。但是倒影并不会飞走或者像正常鸟类那样与它追逐，而是同样狠狠反击。每当真正的主红雀攻击时，窗户里的倒影都绝不屈服。真正的主红雀抱定了要把倒影鸟赶走的决心，可以与它打斗上好几个星期。

如果主红雀只认定一扇窗户展开攻击的话，这个问题并不难解决。你只需要在窗户外面涂满肥皂水或者用屏风或报纸把窗户遮住一段时间。不幸的是，有时候当一面窗户上的倒影消失，主红雀会开始到处寻找，并在另一扇窗户上发现它。

有时候，你可以在窗户上贴上氦气球或者闪光的彩纸，将主红雀吓走。物体的随机移动和闪光可以恐吓主红雀，防止它们离窗户太近，这样它们就不会看到倒影。通常，随着氦气慢慢泄露，气球

魔镜，魔镜，墙上的魔镜[1]

一些鸟，尤其是鸦科鸟，很可能认出镜子中的只是倒影而不是真鸟。一项实验显示，当在喜鹊喉部涂上鲜艳的黄色或红色颜料再给它照镜子时，它们会对着镜子中的倒影抓挠自己身上染色的区域；而涂上与喉部羽色一致的黑色颜料则不会如此。目前所知，这种能够认出自己在镜子中倒影的能力只在灵长类、海豚和象等动物中存在。不幸的是，主红雀和旅鸫并没有这种能力。

① 译者注：迪士尼动画《白雪公主》中的台词。

瘪掉，主红雀也该走了。有人也建议用美洲雕鸮模型来恐吓主红雀，不过，我曾经见到一只鸟将模型当作栖木，更方便它不断地攻击窗户。

不过，无论你怎么做，主红雀都不会永远攻击你的窗户；随着繁殖季节的推进，它会渐渐失去热情而不再跟窗户一般见识。

柠檬变成柠檬水[1]

有时候，当人们面对麻烦时，会尽力把它变成好事。我的朋友刚开始发现一只大蓝鹭在她家鱼池里觅食的时候，也很恼火，但随后她想到大蓝鹭可比鱼让院子显得神气多了。另一个朋友发明了许多复杂的方式防止松鼠接近他的喂食器，但都失败了，最终他转而为松鼠设计有难度的喂食器。后来他熟悉了院子里的每一只松鼠，并发现观察松鼠与观察鸟类一样有趣。

当太平鸟、旅鸫和其他鸟开始糟蹋我丈夫心爱的满树樱桃时，他很快发现只有在顶部树枝上的会被鸟祸害，而对人来说，摘取底部的樱桃才相对容易。此后，我丈夫摘樱桃不仅不必再搬出梯子，他还有了很多同伴；并且，我们依然在冰箱里储存了足够吃到第二年的樱桃。

---

① 译者注：美国俗语，意为化腐朽为神奇，将不好的变成好的。

如何防止鸟类撞上窗户？

鸟类在我们后院面临的所有麻烦中，撞上窗户也许是最致命的了。根据目前的估计，每年全世界有上百万的鸟因撞到玻璃窗上而死亡。一些鸟在夜间迁徙途中会撞上高楼亮灯的窗户，而更多则是撞到我们自家房子的玻璃窗上。我们能做些什么减少这种死亡呢？

有两种不同的方式：其一，让玻璃更明显，减少鸟类撞击的可能；其二，在玻璃前放上屏风或纱窗，减轻撞击的伤害。

想让玻璃看起来更明显的话，你可以尝试特殊的贴纸，让窗户从外面看起来是不透明的，但从内往外看不会影响视线。在外层玻璃贴上花纸也可减少鸟撞，只要贴纸之间足够紧密，间距不超过2～4英尺（约61～121.9厘米）。而彩色纸带、彩绘玻璃或其他装饰物，只有当它们贴在玻璃外层，并足够密集时，才会有效。当它们的量足够起效果的时候，自己的视线也会被遮挡。一些新发明的贴纸在我们看来是透明的，但在紫外线下可见，因而鸟类可以轻易看见它们。再强调一遍，这些只有都贴在玻璃外层，并足够密集，才能发挥作用。

用荧光笔和“隐形笔”等在紫外光下发光的色笔在窗户上画窄格子（空格高不超过10厘米，宽不超过5厘米）也能被鸟类轻易看到，防止它们撞击。为了利用好这些标记的紫外光谱特征，需要将它们画在窗户外面（玻璃会过滤紫外线）。由于紫外线固化墨水（UV inks）在不到一周内就会明显褪色，你还必须定期重新绘制。

你也可以把喂食器放在窗户玻璃或窗框上，让窗户更显眼。在那里吃食的鸟类能够很容易就看到玻璃，避免撞上去。如果它们确实朝着玻璃起飞，尤其是突然出现捕食者的时候，即使撞上了玻璃，这时候的速度也不足以致命。不过，鸟类只要扇动几次翅膀就可以达到全速，所以距窗户2米以上的喂食器比在窗户旁边的要危险多了。

为了减少撞击的伤害，安装在窗框上的纱网或者屏风必须绷紧，并距离窗户十几厘米，使得鸟可以在撞上玻璃之前被弹开。纱窗网或庭院网都可以。必须保证安装得够紧，才可以起到足够的缓冲作用。

你可以在康奈尔鸟类学实验室的网站上找到更多防止撞击窗户伤害的方法：www.birds.cornell.edu/Publications/Birdscope/Summer2008/window_screening.html。

Q **一只菲比霸鹟试图在我家门廊灯上筑巢。我们在夜晚经常开着那灯，去年也有一只菲比霸鹟曾经在那里筑巢，但产的卵都没有孵化。我们觉得是因为灯太热把卵烤坏了，所以真的很想让它在别处筑巢。我们应该怎么做呢？**

A 正如你所想的，这只菲比霸鹟觉得跟你做邻居不错。并且跟菲比霸鹟做邻居确实有点好处，它们会吃掉许多飞行的昆虫，包括蚊子。但是在门廊上筑巢确实会让我们很不方便。

为了不让它继续在门廊灯上筑巢，你可以在灯上塞入一个电工绝缘手套或其他不会受热自燃的东西。为了促使它选择别的地方筑巢，你可以在房子的其他部位安置一个适合筑巢的搁板。由明尼苏达州自然资源管理局设计的搁板样式可见网站：www.learner.org/jnorth/images/graphics/n-r/robin_nestbox.gif。这种样式适用于旅鸫、菲比霸鹟和家燕。

儿童对观察鸟巢很感兴趣。筑巢搁板的使用也可以使你不用再受到鸟儿在门廊筑巢的困扰，并可以享受家养捕蚊鸟的好处。

Q **一只嘲鸫整夜在我家窗户外面一直叫个不停！除了改变我家前院的布置，我还能做点什么让它闭嘴，至少在天亮之前闭嘴？**

A 这些整夜鸣叫的嘲鸫一般是尚无配偶的年轻雄性或是失去配偶的年长雄性，所以让它安静下来的最好办法就是再吸引一只雌嘲鸫来。它已经在这件事情上尽了最大的努力，不过让你和它都失望的是，它还没成功。多数情况下在几天到几周以内，它就会主动停止鸣叫。

解决方法之一是将声音关在屋外，可以将门窗关严或者带上耳塞，又或者将它驱赶到别处。如果你能找到它栖息的那棵树，你可以用尼龙纱窗布或者其他类似织物把那棵树罩起来，防止它落在上面。但不能用鸟网，因为鸟网会让它们不小心被缠住。

这个情况让人想起罗伯特·弗罗斯特（Robert Frost）的诗——《一只小鸟》：

我曾渴望这小鸟快飞走，
不要在我屋畔终日啁啾；
让我实在感到无法忍受，
到门口拍手要把它惊走，
这其中自然有我的不是，
它只是天真地展示歌喉，
而我居然希望歌声沉默，
哦那一定有哪里不对了。

你可能想要把最后两句改为：

可我只想睡个好觉，
这到底又有什么错？

嘲鸫是美国第三任总统托马斯·杰弗逊（Thomas Jefferson）最喜欢的鸟。在他的作品《弗吉尼亚州笔记》（*Note on the State of Virginia*）中，大量记录了嘲鸫惊人的模仿能力和歌声，英国没有其他任何鸟可以与之比肩。他还养了一只嘲鸫做宠物，名叫迪克（Dick），就住在白宫里。

Q **如果所有鸟都拥有鹰的眼睛，为什么它们还会撞上窗户、电线和拉绳呢？**

A 玻璃窗不只是干净，还能反射光线，天空和树木会在窗户上形成倒影。而鸟类一路进化而来，自然界中上百万年间都没有玻璃这种东西，所以鲜有鸟拥有发现玻璃的能力。玻璃窗在意大利有着悠久的历史，但是在英国直到17世纪才开始普及。大面积的玻璃幕墙则是近几十年才出现的新鲜玩意儿，新鲜到鸟类还没来得及发展出躲避它们的机制。据鸟类保护学家估计，每年因为撞击玻璃而死去的鸟类数量少则1亿，多则10亿。

与树枝等其他自然结构不同，电线和拉绳是直的，相对较细，呈现二维状态，鸟类难以估计与它们的距离因而容易一头撞上。北美洲的数据不多，但根据欧洲的数据推断，北美每年大约有1.74亿只鸟因撞上高压线而死亡。夜间迁徙的鸟类会被信号塔的灯光吸引而撞上拉绳，这些灯光的设置本是为了提示飞机躲开信号塔的。虽然没有太多这方面的统计数据，但据估计，每年死于信号塔及其拉绳的鸟有500万至5000万只之多。

在电线致死的高发区域，可以在电线上安置小型廉价的飞行转向器，这能够明显减少鸟类的伤亡。其中一些飞行转向器只是简单地把线盘绕成松散螺旋状；其他一些略微复杂，在每小时3～5英里（约每小时4.8～8千米）的风中会自动旋转。在已有的电线上安装这种转向器可能会有些昂贵，但在新电线铺设的时候安装则要便宜很多。因为转向器是三维立体的，一些情况下还会做出明显的动

电线上的鸟[1]

为什么鸟类可以站在电线上却不会被电死呢？首先，要被电到，需要电路闭合，电流才会流经身体。如果你站在金属梯子上触摸电线上的鸟，由于梯子接触地面形成闭合电路，你们俩都会被电到。松鼠也可以安全地跑过电线，但跑到电线末尾的时候，如果它在接触变压器的同时还没离开电线，它就会被电死。当体型较大的鸟停息在变压器和电线附近时，它们也常常被电到。实际上，在一些地区，被电击是栗翅鹰的主要死因。

① 译者注：*Bird on a Wire*，莱昂纳德·科恩1969年的一首歌名。

作，鸟类能够比较容易地发现它们并估计出距离，这比没有转向器的时候估计自身与电线的距离要容易很多。鼓励你们当地的电力公司在新电线上使用这种装置吧。

^v^v^v^v^v^v^v^v^v^v^v^v^v^v^v^v^v^v^v^v^v^v^v^v^v^v^v^v^v^v^v^v^v^v^v^v^v^v^v^v^

户外风险

Q 我们这边高尔夫球场上的雁鹅快把大家逼疯了。我们一靠近，它们就发出愤怒的嘶嘶声，我还因为踩到它们的粪便滑倒了两次！它们的数量看起来比过去多多了，我们能怎么办呢？

A 一些加拿大黑雁是迁徙鸟类，它们在加拿大北部和阿拉斯加地区繁殖，一般很少出现在城里。但是加拿大黑雁的一个不怎么迁徙的亚种引起了严重的问题。让人意外的是，这一亚种在20世纪50年代曾因为人类过度捕猎和栖息地丧失而濒临灭绝。但是在1962年，人们发现一小群该亚种的加拿大黑雁在明尼苏达州罗切斯特市越冬。这一小群加拿大黑雁被重新引入了许多乡村和公园。同时，野生动物管理人员也在美国北部许多野生动物保护区引入了不迁徙的加拿大黑雁种群。以上多数区域原来都没有加拿大黑雁的繁殖种群。突然之间，加拿大黑雁就泛滥了。

不幸的是，加拿大黑雁消化草类的能力强大，又偏好昂贵的草场（它们在此可以看到猛禽接近），这些适应人类的加拿大黑雁一步步走入城市，尤其是机场、高尔夫球场、公园、校园和墓地等地方。而河流、小溪、池塘或湖泊旁边的人工草坪更是让雁鹅们难以拒绝。

那么解决这一问题最好的办法是什么呢？让当地植物物种沿着岸边自然生长，减少草坪面积，至少可以减少加拿大黑雁的栖息地。不过很显然，这在机场和高尔夫球场不可行。在这些情况下，一种最有效的方法是雇用牧羊犬和驯兽师，定期驱逐加拿大黑雁，尤其是在冬末春初时节，防止它们在此地筑巢。

在较小的区域内，比如单独的小草坪，可以给草坪罩上塑料网。但网很贵，并且割草时还得卷起来；一些人觉得还不如直接去对付加拿大黑雁。

Q **求助！一只鹭正在吃我池塘里的锦鲤！我怎么才能阻止它，保护我的鱼呢?**

A 大蓝鹭成群去吃锦鲤或金鱼，就跟我们结队去寿司店一样。它们控制不住自己呀！一旦它们发现了好的捕鱼场地，那想让它们离开是很难的。城市保护学家罗伯·费格斯（Rob Fergus）写道："如果不想家里的池塘变成大型鹭类喂食器的话，警戒装置还是必要的。鹭类的领域性很强，如果有一只鹭不请自来（但从它的角度看来，那条亮橙色的鱼就是很好的邀请函），你可以用真实大小的鹭类模型将它驱赶走，这在许多花卉商店或者后院市场都能买到。"

不过这种模型也不是一直有效。罗伯警告说："不要把模型放在同一个地方太久，鹭类很快会明白这只不会动弹的'鸟'是完全没有威胁的。所以最好只在要用的时候才把模型拿出来，并且每天换个地方。"

别费劲在水里放上假鳄鱼了——它们完全没有驱赶作用，只能成为乌龟晒太阳的落脚点。其他的方法还有：用网把池塘罩起来，或者在池塘边拴一只狗（只是你的狗可千万别喜欢上吃新鲜鱼肉）。

Q **我的猫叫加菲尔德，它从不伤害鸟，但我家邻居却一直要求我把它关在屋里。为什么爱鸟的人对猫有这么多偏执的想法呢？**

A 丧生于猫爪的鸟类的准确数量虽然不清楚，但据最权威的保护机构估计，仅在美国，这一数量就接近每年1亿只，另一些研究则认为该数量可能高达每年5亿只。野猫是很大的问题，但是那些几乎半辈子都在户外溜达的家猫也杀死了大量的鸟。

猫咪是“天生的杀手”，天性驱使它们去捕捉小型移动的物体。但它们原本并不是北美自然生活的一部分，而是被人类带到这里的。并且没有了人类提供食物和医疗，也极少有猫咪可以健康长寿。当人们为户外的猫咪提供医疗和照顾，哪怕只是简单地提供食物，这些精巧的猫科动物就能活下来，甚至兴旺起来，进而可能对当地原生的鸟类种群造成毁灭性打击。猫咪对抵达陌生区域迁徙过境的鸟类尤其危险。户外的和野生的猫咪很快就能知道迁徙鸟类抵达的时间和地点，但当鸟类意识到猫咪存在的时候，就为时已晚。

曾经作为一名救护员，我照顾过几百只被猫伤害的鸟。这些鸟都死于撕咬造成的内伤和感染，只有一只幸免于难。活下来的这只鸟接受了整整三个星期的抗生素治疗才恢复健康。

我也曾收容过5只流浪猫，它们都很好地适应了室内生活。约束一只习惯了进进出出的猫不是件容易的事，但也不是不可能。如果你觉得需要让猫咪出门，那么尽量只让它在夜间出去吧，这样至少能减少一些伤害。

Q 当山雀在我们的巢箱里产下卵的时候，我特别兴奋。但不幸的是，这些卵在孵化之前就被捕食动物毁掉了。怎样才能让浣熊、猫、蛇等捕食动物远离巢箱呢？

A 在鸟类用品商店和网络上能找到大量各种各样的挡板或捕食动物警示装置，当然你也可以自己做。一些装置是用来防止动物爬上巢箱撑杆或树木的，另一些是防止它们接近或进入巢箱入口的。不幸的是，一些警示装置帮的倒忙更多，所以请确认这些装置不会影响鸟类进入巢箱以及喂食雏鸟。因为各地的捕食动物不同，所以尽量向社区中其他有巢箱的人或者知道解决方式的人寻求建议吧。

一次解决一只野猫

我女儿凯蒂和她大学室友斯黛茜遇到一个问题：一只野猫在她们位于俄亥俄的房子后院里吃鸟。这只猫年轻漂亮又饥肠辘辘，可它吃的小鸟也是一样。

当我抵达的时候，看到那只猫正在杀害一只美丽的卡罗来纳鹦鹉——一只正在帮配偶喂养雏鸟的雄性。没有了雄性的帮助，雌性养育雏鸟会艰难得多。可是随后我竟然又看到它在围捕雌鸟，简直让人伤心欲绝。

我能怎么办呢？我去买了一盒猫罐头，用这个将猫咪引诱到我车上来。趁着它在后座上吃罐头，我试着开车带它在街区里转悠。当回到家里，我打开车门，以为它会一下子跑掉，可是它却舒服地躺在后座上，满意地舔着爪子。最终，我带着它开车800英里（1287.5千米）返回了明尼苏达。

凯西（我给这只猫咪起的新名字）是多么渴望稳定的餐饭和属于自己的家，安静又开心地待在车里。它有一些寄生虫和虱子，不过这不是什么大问题，去了几趟诊所之后，它就是一只健康、快乐的家养猫咪和我亲爱的伙伴了。

Q **最近，我家院子里一直有牛鹂。但我希望它们走开，因为我听说它们会在其他鸟的鸟巢里产卵。我该怎么办呢？**

A 牛鹂确实会在其他鸟的巢中产卵，养父母会将孵化出的牛鹂雏鸟养大，代价是牺牲一两只自己的雏鸟。牛鹂栖息在开阔的草原或者森林的边缘。由于人们为了农业和发展砍伐了森林，它们的数量和分布在许多地区都呈现增加的趋势。在一些野生动物保护区等保护濒危鸣禽的区域，人们可以合法地捕捉牛鹂并处以安乐死。但这在多数地区是不允许的。牛鹂是美国本土物种，与旅鸫和蜂鸟受到同样的法律保护。请记住，牛鹂也有它独特的迷人之处，并且它们只能以巢寄生的方式生存。

你能做的最重要的事情就是别再给它们提供帮助。关闭它们所使用的喂食器，或者换成它们不喜欢的食物，比如条纹向日葵花籽或红花籽。在更大范围内，鼓励你所在县市和地区的规划者，限制森林的破碎化。在大多数行政区域规划和发展面前，我们能力有限，而就算我们尽力让院子里长满植被而不只是盖上草皮，道路和私人车道依然会形成足够大的开阔空间，吸引牛鹂到来。所以这确实是个很棘手的问题，我也希望我能够施个魔法解决它。

更多关于牛鹂行为的介绍见第151至155页。

Q **几周以前，我在院子里看到一只鹰，我激动坏了。可后来它开始攻击喂食器附近的鸟，我甚至还看到它吃了我的一只鸽子！我该怎么办呢？**

A 少数鹰类，尤其是库氏鹰，还有在加拿大和美国五大湖区域的灰背隼（一种吵闹的小型隼），都学会了在居民区筑巢，并发现喂食器周围是捕猎的好地方。如果不希望后院变成它们的猎场，你可以将喂食器关闭几周，让猛禽培养新的习惯。如果它们在你家或邻居院子里筑巢，你可能需要整个夏季都关闭喂食器，但同时你也获得了难得的机会可以观察猛禽雏鸟的行为。但是请记住，鹰也是鸟，它们并不会明白喂食器周围不是猛禽捕食的地方。

Q **一只橙腹拟鹂霸占了我给蜂鸟设的喂食器，不让小蜂鸟们接近。我怎么才能帮助那些小蜂鸟呢？**

A 与蜂鸟一样，许多拟黄鹂也以蜂蜜为食。拟黄鹂体型相对较大——橙腹拟鹂体重是红喉北蜂鸟的9倍，所以如果拟黄鹂占领了喂食器周围的区域，那么蜂鸟只能躲开。但是蜂鸟也是攻击性很强的领域性鸟类，所以一旦拟黄鹂离开，蜂鸟们又会回来互相争夺喂食器了。

也许最好的解决方法是在院子其他地方再放置一些小的蜂鸟喂食器。如果你选用没有栖木的喂食器，拟黄鹂就没法使用，蜂鸟就可以独占喂食器了。再装两三个喂食器，蜂鸟就可以用更多的时间取食，而减少相互争斗。如此一来，你就可以尽情观赏这两种美丽的鸟了。

^v^v^v^v^v^v^v^v^v^v^v^v^v^v^v^v^v^v^v^v^v^v^v^v^v^v^v^v^v^v^v^v^v^v^v^v^

帮助受困的鸟类

Q **一只蜂鸟困在邻居家的车库里，它没能出来，最后死在里面了。如果我家也遇到这种情况，我该怎么做呢？**

A 当鸟类受惊的时候，它们会向上飞，在自然界中，向上飞起可以躲避除了猛禽之外的所有危险。所以不要追逐车库里的鸟，它很可能会受惊飞到高处而找不到出路。

当然，首先要打开门窗，并把无法打开的窗户用报纸挡住。然后在出口挂些鲜艳的红色物体，蜂鸟喂食器是最好的选择。

蜂鸟通常最开始是被车库的红色门把手吸引而飞进车库的。如果还有蜂鸟飞进车库，可以尝试用黑色胶带把门把手缠上。

有时候鸟会从窗户或开着的门里飞进室内。当鸟被困在室内时，最好是将它赶到一间屋子里，关上所有的门。如果你把那间屋子里所有的窗户都打开，有时候鸟就会很容易飞出去。窗户最好有遮阳板，能够拉出来挡在玻璃上，这样能看到的地方就只剩通向室外的出口了。如果无法打开窗户，那么就拉上窗帘，让屋里越黑越好。然后你悄悄地迅速走到小鸟身边，用毛巾轻轻地蒙住它，把它拢起来，带到室外放掉。

Q **我发现了一只鸽子跑到了我家车库里，它很温顺，腿上有个环。我应该怎么办呢?**

A 这多半是一只信鸽。它们与城里的广场鸽属于同一物种，但是是在人工环境下养大的，所以它们很信任也很依赖人类。与广场鸽一样，信鸽的色彩变化多样。纯白的信鸽通常养来用作“放鸽子”活动，在婚礼或其他活动中释放。通常所有的信鸽都能直接回家。

但是有时候个别信鸽在长距离飞行中迷失方向或者太疲劳，极少的个体也可能会受伤。此时，这些鸟类就会向陌生人，比如你，寻求食物、水和庇护所。

尝试联系鸽子的主人。不管是对鸽子还是对其主人来说，这都是一件真正的善举。信鸽不会佩戴美国鱼类和野生动物保护局为野鸟设计的脚环。你可以查看脚环上的字母，通过生产脚环的信鸽比赛组织联系到信鸽的主人。在北美，多数脚环有以下标记之一：

AU（美国赛鸽联盟）、CU（加拿大赛鸽联盟）、IPB（独立信鸽繁育者）、IF（美国鸽迷国际联合会）、NBRC（美国国家伯明翰信鸽俱乐部）或NPA（美国国家信鸽协会）。根据这些组织网站上的信息，你就可以找到信鸽的主人了。

Q **如果不幸有一只鸟撞上了我家窗户，我该做些什么？**

A 撞上窗户而没有立即死亡的鸟类中，最终仍有一半会死于伤痛。它们可能在惊恐中被捕食动物抓取，或折断了翅膀，或受了外伤乃至严重的内伤，不过还是有一半可以活下来。

如果鸟儿头朝下掉在地上，它可能会躺在那儿，昏迷一会儿，完全暴露给捕食动物，此时是最危险的时期，所以最好先把它捡回来。而这可能就是它需要的所有帮助了，它醒来以后大概会马上飞走。如果它能啄你却不能飞走，多半就是受了严重的内伤，你应该

马上把它带到野生动物救助机构。如果它无精打采的，也不能飞，可能是受了轻微的脑震荡，但应该还能站起来保持平衡。遇到这种情况，你要把它放在附近的灌木丛中，让它自己恢复。

如果鸟儿已经不能保持平衡或站立，把它放在鞋盒里，垫上纸巾，并带回室内。你可以用纸巾卷成圈把它围起来，帮助它站立。如果是冬季，要把羽毛丰厚的鸟放在凉爽但不寒冷的地方，而不是热烘烘的房间里。每隔15分钟，把盒子拿到室外并打开盖子，看鸟儿会不会飞走。千万别在屋里就打开盖子！如果鸟儿在一两个小时以内还没恢复，那么把它交给救助机构。绝对不要在夜间释放鸣禽，夜间它看不清楚，无法找到安全的休息地点。

关于如何防止鸟撞窗户，请参阅89、90页。

伸出援手[1]

如果你想寻找当地野生动物救助机构，你可以查阅以下网站：www.tc.umn.edu/～devo2008/contact.htm。

---

① 译者注：*A Helping Hand*，罗布 · 沃林和莫里斯 · 杰马尔的一部书籍名。

Q **我们的喂食器边有一只麻雀，它呆呆地站着，也不怎么吃东西。我担心它生病了，我们能做些什么？**

A 如果你们院子里的鸟看起来无精打采、呆呆站立、羽毛蓬乱、眼神昏暗，或者表现出其他的生病迹象，最好赶紧把你们的喂食器收起来，彻底清洗干净并风干，一两个星期内不要再喂食。这虽然不能帮助这只已经生病的鸟，但可以将其他鸟驱散，减少它们通过喂食器感染疾病的风险。如果你有理由认为这只鸟是因为撞上窗户才昏昏然，或者被猫咪伤到，则不必收起喂食器。

别尝试捕捉可能生病的鸟，除非你已经与野生动物救助机构的工作人员联系过，并且他们承诺会接手这只鸟。许多救助人员不愿意接收生病的鸟，因为这会增加已救助鸟患传染病的风险。而除非你自己有资质和执照，不然亲自救助这只鸟只会让你也陷入麻烦。当鸟类感到不舒服或虚弱时，它们就不太会清理自己，身上虱子和蜱虫的数量很快会翻倍。

Q **当我与朋友散步的时候，遇到一只受伤的鸟。我们都不敢把它捡起来，于是就走开了。我们该怎么办呢？**

A 如果鸟类可能生病了，那最好是让野生动物救助机构来处理它。它所患的疑似疾病，可能会给救助机构中的其他鸟带来严重的威胁。在极个别情况下，疾病还可能传染给人，所以干预反而可能带来更多问题。

如果你不忍心扔下它不管，或者确认它的伤病基本不会连累到你（翅膀断了或者被猫咬伤是不会传染的），你可以把它交给救助机构。首先把它放在纸板箱或者纸盒里。尽可能戴手套——最好是结实的皮手套，如果这只鸟有爪子（比如鹰或者猫头鹰），或有看起来很危险的尖锐的喙。

我的车里放了一个垫有尼龙草皮（一些柔软的纸巾也可以）的纸板箱，来应对这种紧急情况。纸板箱的外面写了几个本地救助机构的电话，这样如果我遇到了一只受伤的鸟，就可以给最近的那个打电话。

短嘴鸦是西尼罗河病毒最大的受害者，这种病毒在20世纪90年代传至北美。实际上，所有感染病毒的短嘴鸦都在一个星期内死去了。没有任何其他鸟因感染这种病毒导致如此高的死亡率，一些地区短嘴鸦的种群损失情况十分严重。当病毒在该地区消失后，短嘴鸦的数量才慢慢恢复。

处理死鸟

在过去10年中上过新闻的传染病，有少数也会感染鸟类。西尼罗河病毒、禽流感和一些沙门氏菌暴发提高了人们对死鸟的警惕。公共卫生官员和科学家有时候会对死鸟感兴趣。

如果你知道有疾病暴发或者关心健康事务，请联系当地的公共卫生健康部门或者美国地质调查局的国家野生动物健康中心（U.S. Geological Survey's National Wildlife Health Center，网址为www.nwhc.usgs.gov）。根据他们的指示处理鸟类尸体。多数情况下，他们无法分析已经开始腐烂的尸体，所以可能需要你将死鸟双层打包并放入冰箱，或者立刻带去交给他们。

如果你确实要捡起死鸟，请务必戴上一次性手套或者在手上套个塑料袋，用这只手捡起死鸟，并把塑料袋反过来将死鸟装好。即使你非常确定你的皮肤没有接触到死鸟，之后也得彻底洗手。

解决所有健康和安全问题后，尤其是如果你知道这只鸟是死于猫爪或者撞上窗户或汽车，或者其他与疾病无关的方式，你也可以帮助大学或博物馆的科学家采集鸟类标本。首先联系一名经联邦和州政府许可能够采集鸟类或鸟类身体部分的野生动物学家（在附近的大学、博物馆、自然中心、小学或中学能够找到）。

1918年出台的《候鸟协定法》保护美国当地鸟类，不论活体、死体还是身体部分（羽毛、卵和巢穴），严令禁止任何人未经允许持有或占有。虽然乍一看这个法令非常严格，它却通过禁止危害鸟类的活动为鸟类提供了有力的保护。有了口头许可之后你就可以把这一鸟类尸体收集起来，并证明你采集它并不是为了持有或出售。

如果你通过某人授权采集这一鸟类尸体，记得要记录你的名字、联系信息、日期和地点，还有物种（如果你知道），以及当时情况的描述，包括你对鸟类死亡原因的分析。要使用铅笔或永固墨水。如果需要你在送出鸟尸之前把它冻起来，务必要用两层塑料袋包装，并将记录以上信息的纸条放在两层塑料袋之间。

Q **我家喂食器前的一只家朱雀看起来好像生病了。我在望远镜里观察到它一只眼睛肿起来，眼睑黏在一起。它到底怎么了？**

A 这只鸟得了一种叫作“家朱雀眼病”（House Finch Eye Disease）的结膜炎。这种病是由支原体引起的。这种支原体在人工饲养的火鸡和鸡仔中很常见，原本没有在鸣禽中存在的相关报道，直到1993—1994年冬季在马里兰州和弗吉尼亚州的家朱雀群中暴发。这种病对人类无害。但是对家朱雀却可能是致命的。观鸟志愿者加入了康奈尔鸟类实验室的家朱雀疾病调查项目，帮助跟踪北美大陆上这种疾病的扩散情况。他们的报告帮助科学家理解鸟类流行病传播模式。为了防止染病的鸟将疾病传染给前来喂食器的其他鸟类，你应该将喂食器关闭几周，彻底清洗喂食器并风干。

Q **我清理巢箱的时候，在里面发现一只死掉的成年双色树燕。它是怎么死掉的呢？**

A 双色树燕要经历长距离的迁徙——它们在加拿大北部和阿拉斯加地区繁殖，并在非洲中部越冬。如果它们抵达繁殖地点的时候，天气还太冷，它们的主要食物——飞行昆虫还没有出现，它们可能会死于饥饿和体温过低。这可能就是你所见那只双色树燕的死因，尤其是如果往年双色树燕和蓝鸲曾在这些巢箱中成功繁殖过的话。

不过也有别的原因会导致成鸟在巢箱中死亡。

- 如果它有明显的外伤，尤其如果在头部，那么它可能是被争夺巢箱的家麻雀杀死的。不过，在多数情况下，家麻雀会将死鸟拖出去。你可以在以下网站找到不让家麻雀接近巢箱的办法：www.sialis.org/hosp.htm。
- 巢箱内部入口下面的地方是粗糙的吗？有时候由于巢箱内部太光滑，鸟类无法爬出去，而被困在巢箱里。在入口下方固定一些砂纸或者小木条，做成梯子，就可以预防这种情况了。
- 有时候，来自绿头苍蝇或寄生虫的感染过于严重，不仅雏鸟会死去，成鸟也会死亡。不过，如果巢箱内并没有雏鸟的痕迹，那就可以排除这种原因了。
- 一些防腐剂会释放出有毒气体，尤其是在天气热的时候。确保你在巢箱上使用的油漆或涂料是可以在室内或操场等地安全使用的。

鸟巢观察项目（Nestwatch）是康奈尔鸟类学实验室的一项民间科研项目，为拥有巢箱的人提供了大量的有用信息。你可以考虑把巢箱繁殖成功或失败的结果报告给鸟巢观察项目，帮助科学家进一步了解鸟类的繁殖。

Q **我家院子里出现了一只失去一侧眼睛的旅鸫，它貌似能够正常觅食和活动。我们应该给它提供帮助吗？**

A 许多鸟都能够习惯单眼视觉，并仅依靠一只眼睛在自然中生活多年。当眼睛刚受伤的时候，可能发生危险的内部感染。如果这只鸟精神萎靡，很容易被抓住，那它可能就是被感染了，应该把它送到野生动物救助机构去。你可以在以下网站找到附近的救助机构：www.tc.umn.edu/～devo0028/contact.htm。但是鉴于它活动正常，且不易抓到，那么它情况还不错，最好就随它去吧。

Q **我在喂食器前见到一只山雀，喙又长又弯，吃东西都碍事，它怎么了？**

A 在过去20年中，阿拉斯加地区有许多鸟，如山雀等，都长出了异常的喙，通常过长或者交叉。鸟喙的外层是由特殊的角蛋白构成，与我们的指甲类似，起到保护作用，而这些鸟的保护层却出现了异常的生长。

科林·汉德尔（Colleen Handel）是美国地质调查局（USGS）阿拉斯加科研中心的一名生物学家，曾经记录了阿拉斯加地区30多种鸟的喙部异常现象，从渡鸦和喜鹊等体型较大的鸟类，到山雀和鳾等小鸟，在1991—2009年期间共记录到2100只喙部异常的山雀，而1986年至今共记录到420只喙部异常的其他鸟类。她还积极地征求阿拉斯加以外的鸟类喙部异常报告，可最终只收到了北美其他地区30份异常山雀报告和110份其他异常鸟类报告。阿拉斯加汇集了大量喙部异常的鸟，全世界都前所未有。

对喙部异常鸟类的血液检测发现了其DNA异常，指示环境污染和疾病等因素，虽然并没有关于疾病的其他明显指标。这些报告主要集中在冬末。鸟类与我们一样，需要通过晒太阳，自己合成维生素D，而维生素D帮助钙质吸收。在自然情况下，山雀冬季原本以昆虫卵和蛹为食，这些食物富含钙质，而在喂食器取食的山雀，其饮食中种子的比例更高，加上阿拉斯加冬季光照较少，导致它们容易缺乏钙质。不过这无法解释其他不在喂食器取食的鸟为什么也会出现喙部异常的现象。

关于如何救助雏鸟，请见269、270和274页。

第四章

展望未来：保护鸟类种群

在21世纪，很多鸟都身处危机之中。一些美国人特别珍视的草原鸟类，包括刺歌雀、东草地鹨、西草地鹨和山齿鹑，种群数量都在急剧下降。夏威夷历史上特有的71种鸟，其中的26种都已经灭绝了，幸存下来的种类中有30种也处于“受胁”或“濒危”的级别。超过75%的在美国干旱区繁殖的鸟，包括艾草松鸡、加州神鹫和娇鹟鹛，其种群数量也都在急剧下降，或者已经被列为“受胁”或“濒危”的保护级别。

湿地鸟类的种群数量比其历史时期的数量减少了很多，但是很多种类，从白头海雕和鹗，到美洲鹈鹕和沙丘鹤，种群数量近期都有所恢复，这主要归功于湿地恢复项目，这种模式也已经成为鸟类保护工作的典型模式。游隼，在20世纪70年代本已在北美洲东部地区消失，如今在很多地区都可见其筑巢繁殖，这也受益于相同工作方式的猛禽保护项目和重引入项目。

战略性土地管理和保护行动是我们用来帮助那些身陷危机的鸟类的工具。我们的成功证明，只要下定决心，就可以改变种群和物种的生存状况。

给鸻鹬类让路

Q **笛鸻过去一直在苏必利尔湖畔我的小木屋旁筑巢繁殖。去年春季有两只迁徙途中的笛鸻来到这里，湖畔为此封闭了一段时间。但是人们无视警示标识，仍旧牵着狗沿常规路线散步，最终这两只笛鸻再次上路离开了这里。我怎么做才能帮助这些小鸟呢？**

A 很多人都没听说过笛鸻这种小鸟，因此有些人对于要因为这种听都没听过的小鸟改道遛狗而感到不快也是很正常的现象。有一项战略项目曾使得笛鸻的近亲环颈鸻又回到了圣塔芭芭拉的沙滩上，其中就包括设法使这种灿烂夺目的小鸟适应人类的存在。

笛鸻善于适应环境，它们极度适应在沙滩和泥滩上的生活，但实际上也无他处可去。它们在浅溪、大湖和海岸边，以那些被冲到岸上或者浸在水中的沙地小型水生生物为食。它们会稍稍向前伸出一只脚在湿沙子中搅动，捉一些看得见的昆虫，把小型无脊椎动物扯到表面上来吃掉。

笛鸻的身材太小了，但它们异常顽强地生活着。它们的巢就是一小块平整出来的区域，位于开阔的沙滩、砾石滩上，或是铺满碎蛋壳的地上，又或是沿着海

岸线的丘陵上。它们的幼鸟就暴露在疾风和吹砂中。大风把绝大多数鸟儿吹得都站不稳。卵、成鸟和幼鸟的羽色都完美地保护了它们不被游隼和其他岸边的天敌捕食。

尽管如此精确地适应野外环境，笛鸻仍然不能适应人类带来的变化。在那些还没有被开发的海岸，全地形车、奔跑的宠物狗、油膜和其他干扰因素，使得鸻鹬类很难觅食、营巢。鸥、浣熊和乌鸦最初是被野餐的人们和他们的垃圾吸引过来的，但它们同样也会注意到并捕食鸻鹬类的鸟卵和幼鸟。在某些地方，流浪猫群体也给鸻鹬类带来危险。

在加利福尼亚大学圣塔芭芭拉的煤炭石油储备点的公共海滩上面，人们想要保护笛鸻的近亲——同样处于“受胁”等级的环颈鸻，它们已经不在这片海滩繁殖了。美国地质调查局（USGS）、圣塔芭芭拉奥杜邦协会，以及加利福尼亚大学自然保护区系统联合工作，持续开展保护项目，使得环颈鸻的年繁殖巢数从20世纪70年代至2000年之间的几乎为零，上升到2004年以来的每年几十只。他们是怎么做到的呢?

一项美国地质调查局的研究确定了既可最大限度保护鸻鹬类，又能将对公众活动的不便影响降到最低程度的海滩最小区域。2001年，在一个沙丘保护项目点旁边发现了一只环颈鸻雏鸟，学校为这个繁殖巢沿着海岸围起了一个400码（约365.8米）的绳索围栏来保护它的栖息地，这片区域包括潮汐带以上的湿沙区和干区。人们仍可以沿海岸水边行走。此外，还设置了教育和管制标识。

这个合作项目中最关键的事情也许就是组建了一支志愿讲解团队，并把他们称为环颈鸻的宣传大使。2005年我专门去那个海岸看他们是如何行动的。我亲眼看到他们与行人互动，向路人展示环颈鸻的宣教材料，要求遛狗的行人遵守牵狗法规，给狗戴上皮带，提醒行人与围栏保持距离，以及驱赶乌鸦等。此外，还设置望远镜定点观测幼鸟，人们第一次从望远镜中看到这些小鸟时都一脸惊喜："它们太可爱了！""它们看起来像是棉花糖踩高跷！""为什么我以前没听说过这种鸟？它们太奇妙了！"每当听到大家这样说的时候，我都感到特别幸福。

以这种积极的方式让人们了解鸻鹬类和它们所处的困境，使得保护工作更容易开展。

Q **我有一些林地，我的经营管理既是为了收益，也是为了保护这片地区的环境，以及给予本地鸟类一些回报。我想种上橡树，但是那些有经验的林业工人告诉我不要种橡树，因为在我有生之年都等不到它们长到足够大以带来经济效益。你怎么看这件事？**

A 植树是一件眼光长远的事情。即使是年轻的橡树也可以为迁徙中的猩红丽唐纳雀和其他鸟带来福祉，同时给你带来观赏的乐趣。我建议你首先从你们县的推广办公室或自然资源部门那里了解你所在地区历史上的优势森林类型有哪些，然后多样化地选择本地的原生树种。选择一个混合树种方案，既可让你短时间内有选

择性地获得一些能带来经济效益的树木，同时又可以保留一个多样性丰富的树林为鸟类和子孙后代带来福祉。

Q **我们城市最近通过了一项法案，允许人们种植原生植物代替草坪。这只是一时的风尚吗？这样做会不会对旅鸫不好？**

A 旅鸫确实喜欢草坪中的蠕虫！但旅鸫不能只靠蠕虫生活，它们食谱中很大的一部分来自在其他类型的植被中才能找到的昆虫和果实。和草皮草坪（即以人工草皮铺设而成的草坪）相比，天然植被吸引了更加广泛的动物种类，最引人注目的就是蝴蝶和鸟类，为它们提供食物和隐蔽所，同时还会培养蠕虫供旅鸫享用。而且，原生植物也能很好地适应当地自然环境，所需的水、肥料和杀虫剂都要比养护草皮少很多，可以让我们为自己和鸟类创造一个更加安全的环境。

草皮草坪适用于高尔夫球场和比赛场地，对一些私房屋主也一直都有吸引力。但是允许私房屋主种植天然植物取代传统草坪的本地法案，兼顾了不同的审美趣味。同时，允许种植天然植被也同样兼顾了从旅鸫到蜂鸟的各个鸟类群落的不同口味。

矿井中的金丝雀：处理杀虫剂问题

一直以来，矿工会带着金丝雀一同下到矿井中工作，如果金丝雀死亡，就能清楚地知道危险近在眼前了。野生鸟类也证明了它们在地面上同样具有警示作用。1955年春季，密歇根州立大学鸟类学教授乔治·J. 华莱士（Geroge J. Wallace），注意到校园周边死掉的旅鸫，并将这种现象与杀虫剂的使用联系了起来。到1958年夏季，旅鸫已经从校园和周边部分城市中消失了。

华莱士的工作证明了DDT对鸣禽的毁灭性影响。同时，游隼、白头海雕和鹗的种群数量也在急剧下降，但还没有彻底消失，不过也并没有看到有鸟的身影。1968年，丹尼尔·安德森（Daniel Anderson）和约瑟夫·希基（Joseph Hickey）在《科学》杂志上发表了一篇研究论文，证明在这些鸟中存在卵壳变薄的现象，与DDT一类的杀虫剂的使用说明相一致。

DDT可以消灭粮食作物上的昆虫和携带疟疾病原的蚊子，有太多关于人应该优先于鸟类的争论。尽管鸣禽的死亡和猛禽卵壳变薄的论据确实出现在1972年关于禁止使用DDT的国会决定中，但另一个重要的因素是在人类母乳中发现了DDT残留及其副作用。

禁止使用DDT的决定已经证明拯救了人类。2002年，科学家分析了从20世纪60年代起储存的孕妇血样，发现血清中的DDT水平与低人口出生率和早产比例高度相关。那些“矿井中的金丝雀”给我们发出了声音警报。同时，在所有那些在户外环境中使用DDT的地区，蚊子对DDT的耐受性都变得越来越强。

尽管在美国和其他发达国家，DDT已经被禁止使用，在地球上那些疟疾横行的地区，世界卫生组织到今天仍然建议用室内喷涂的方式。DDT在蚊子的脚上被吸收，所以当人们在天花板和蚊帐上面喷涂DDT后，既可以起到防蚊的作用，又可以使DDT对我们自己和自然食物链的影响最小化。

在《寂静的春天》（*Silent Spring*）这部书中，雷切尔·卡森（Rachel Carson）想要提醒人们，杀虫剂的效果很明显，但也带来了同样明显的负面效果。呼吁人们在可行时寻求替代方案，即使当杀虫剂是对一系列问题最好的解决方案时，也请使用最小的有效剂量——这是保护我们人类自己、我们的农作物，自然环境的常识性做法。

Q 今年有好几次，当我的邻居给她的草坪喷洒过杀虫剂，我发现旅鸫的行为很奇怪，它们看起来好像生病了，有的甚至倒在一边或仰躺在那里。它们最终都死掉了。我邻居说她使用的杀虫剂得到了美国环境保护署的批准，因此可以保证对鸟类是无害的，是这样吗？

A 美国环境保护署从来没有"批准"过任何杀虫剂，只是登记而已。而且检验杀虫剂对野生动物是否安全的野外实验也不再是进行登记的硬性要求，它们必须通过一个复杂的成本效益测试才能完成登记，但没有任何规定要求进行鸟类安全性的检测。即使是一种主要的鸟类毒性杀虫剂，如倍硫磷，也可以在市场上保留很多年，在它的使用受限或禁止前杀死了数以百万计的鸟类。

根据美国鱼类和野生动物保护局的数据，每年大约有700万野生鸟死于常用的家庭草坪杀虫剂。一般来说，昆虫杀虫剂比除草剂危险性更大，但是这两种农药都可以吃饭鸟类，甚至吃饭我们人类，造成神经系统的损害和诱发癌症。农药中毒而死的鸟类进行尸检和必要的检测不仅难度很大，还很昂贵。很多现代农药在环境中和动物尸体中都分解得很快，所以要找出那些旅鸫的确切死因会很困难而且费用很高。

除了除草剂会破坏蒲公英、杀虫剂会杀死毛虫，还有一些草坪养护措施也有可能与旅鸫的死因有关，例如施肥。尽管不能将旅鸫生病归咎于施肥，但化肥会渗入地下水，最终汇入湖泊、河流、小

溪之中，造成这些水体中水生植物过度生长。所以最小量地使用化肥和最小量地使用农药同样重要。一定要检查你使用的每一个产品的标签，如果你是雇用一家公司来管理草坪，和他们确认他们使用的每一项产品以及产品相应的作用。在任何情况下，使用最小有效剂量来解决问题都是明智的选择。除非杂草很可怕，一般情况下拔掉或者局部喷涂要比给每一寸草坪都喷洒农药更明智。

更好的办法是应用病虫害综合治理系统，既可以保持庭院漂亮而又避免使用人工配制的化学药品。在美国环保署的网站（www.epa_gov/opp00001/factsheets/ipm.htm）上面有相关的信息资料，这些关于“病虫害管理的经验性的、有效的和环境敏感的方法”会帮助你确保家人、宠物和野生鸟类的安全。当你的邻居看到你的成功经验之后，他们可能也会考虑试一试这个方法。

Q **我外甥小学毕业了，我想放个大气球表示祝贺，但是他说这样做对鸟类不好，而且对海龟不好！是这样吗？**

A 气球飘在空中非常可爱，但它们最终还是要回到地球表面上来的。我们的地球表面有三分之二覆盖着水，我们释放的大量的气球都会以它们各自的方式回到湖泊和海洋中。当海洋哺乳动物、海龟和很多海鸟（如鹈鹕）与气球不期而遇，并被气球绳缠住或把气球吞下去，它们都会死去或受伤严重。气球上的绳子有时也是人们诱捕鸟类的圈套。有这样一个聪明又有觉悟的外甥，你真是太幸运了！他可能会更喜欢种下一棵树来纪念这份荣誉，这棵树将为未来的岁月中他所珍视的鸟儿们提供食物和庇护所。当然，一件现在就可以用到的实用礼物他也会喜欢的！

环境对鸟类的影响

Q **气候变化会如何影响鸟类？**

A 气候变化正在影响很多物种的丰度、分布，以及迁徙和繁殖时间。到目前为止，各种气候变化对一些物种有利，对另一些不利，而对其余的则影响甚微。最近的一项由美国国家奥杜邦协会进行的研究表明，在"圣诞节鸟口调查"最常记录到的鸟类中，不止一半种类的越冬地比40年前向北推进了。

和1981年相比，旅鸫到达其科罗拉多落基山繁殖地的日期提前了近14天。在1959—1994年，双色树燕的繁殖日期提前了9天。红翅黑鹂、东蓝鸲和歌带鹀的东部种群也由于春季气温变暖而提前了产卵日期。

除了迁徙和繁殖受到影响之外，鸟类还处于由气候变化引发的栖息地变化所带来的危险中，特别是栖息地位于苔原、高寒草

甸、海冰，以及冰川、滨海湿地、环状珊瑚岛和海洋的种类受影响更甚。

在接下来的几十年中，这些物种都将面临严峻的生存挑战。海平面上升会淹没一些岛屿，危及在岛屿上营巢繁殖的鸟类。由蚊子传播的禽类疟疾也有向高海拔地区扩散的潜在可能，对于已经撤退到那里并幸存下来的夏威夷旋蜜雀来说无疑又是一种威胁。

可以预测，气候变化必将在未来影响很多种鸟的生存和繁殖。同样，这些变化会对一部分物种有利，而对另一部分不利。不管是在陆地上还是在海洋中，猎物分布和丰度的变化，栖息地面积的萎缩，还有降雨和可利用水资源的变化，都将成为某些鸟生存的巨大挑战。

东蓝鸲的分布横穿北美东部，南至尼加拉瓜。在这一分布区内的蓝鸲，生活在更北部和西部的个体一般会比生活在更东部和南部的个体产卵多。东蓝鸲通常一年繁殖一巢以上。第一巢繁殖的幼鸟一般会在当年的夏季离开亲鸟独立生活，而第二巢繁殖的幼鸟往往会和亲鸟一起生活，度过当年的冬季。

天气：好天气、坏天气和糟糕的天气

只有在动画片中，鸟儿们才会在彩虹色的云端之上闲逛。在现实世界中，天气情况会表现出对某些鸟有利，而对其他鸟不利。总之，鸟类已经进化出对其历史分布区常见天气模式的非常好的适应性，但是鸟类还得依靠它们的翅膀四处旅行，因此还在持续发展对新情况的适应能力。

突如其来的风暴

对有些鸟来说，下雨越多越好，比如歌带鹀的营巢成功率和降雨量就正相关；但是对于双色树燕和美洲燕来说，凉爽多雨的春季却意味着较低的营巢成功率。

对于很多鸟来说，风暴系统一直以来都是危险因素。19世纪初，约翰·詹姆斯·奥杜邦正巧看到两只夜鹰被闪电击中而亡。1941年，一个闪电突然击中了一大群角鸬鹚中的4只。尽管它们的羽毛并没有被烧焦，但这4只角鸬鹚全都死了。同一年，50多只雪雁被一个闪电同时击中。尸检结果显示，只有一只被严重烧伤，而其余绝大多数都触地而亡。

很多被闪电击倒的树上都能发现啄木鸟、猫头鹰，或其他鸟的尸体。1953年，加拿大亚伯达地区的两场冰雹造成了15万只雁鹅和鸭子的死亡。1960年，新墨西哥州的数千只沙丘鹤死于冰雹。1931年，艾奥瓦州一只蓝鸲被冰雹打伤了双翅。1938年，两只加州神鹫正在享用一匹马的尸体，突降冰雹将其砸死。2004年5月，威斯康星州北部的一场冰雹砸毁了上百巢大蓝鹭。然而，即使面对这样毁灭性的风暴，至少有50只大蓝鹭幸存了下来。

飓风能够即刻杀死鸟类，还能毁灭海岸线大片的沿线植被。而且，由于有太多的房屋、车库、工业厂房、加油站、污水处理设施和其他人工设施会被洪水冲毁，毒素和残骸进入洪水水流当中，使滨海湿地水质严重下降。

毁灭性干旱

干旱和洪水一直都是自然界中的一部分。尽管严重的自然灾害能够毁灭某一地区的鸟类种群，但从更大尺度来看，它们会在其他地区的有利条件下繁衍生息，从而使种群数量大致保持不变。如果气候变化改变了降雨模式，某些地区变得持续干旱或湿润，当地的植被构成和昆虫生存状况就会随之变化，而鸟类种群数量会随着植被和昆虫数量的增长而增长，随着植被和昆虫数量的减少而减少。

干旱能给鸟类带来意想不到的影响。比如，当水位下降，饲养的天鹅经常会衔起浅水水底的砾石，而在以前水量丰足的时候这些都是它们难以办到。绝大多数北美洲的湖区都有大量的铅丸沉在水底，这些铅丸就像一个个小型定时炸弹。美国自20世纪70年代开始逐步淘汰铅丸，但禁止使用铅丸打猎水禽的全国性条规仅实施到1991年就停止了。加拿大首先在水体附近和国家野生动物保护区域内禁止铅丸打猎，进而在1999年才推行全面禁止条规。尽管铅丸已经不再散落到湖泊、河流、溪流当中，但是已经落到水底的铅丸仍然留在那里，直到天鹅、潜鸟或其他鸟类把它们当作沙砾一起吞进肚子里。铅丸留在鸟类的砂囊里面，铅元素缓慢溶进鸟类的血液当中，最终往往导致它们的死亡。

气温升高

在一定范围内，气温越高，昆虫越活跃，依赖昆虫生活的鸟类能从变暖中受益。考虑到在热带和温带地区记录到的鸟种数量（一个小小的哥斯达黎加，面积和西弗吉尼亚州差不多，在那里发现的鸟类比在墨西哥以北的整个北美发现的还要多），从长远来看，某些地区的鸟类可能会从气温升高中受益。

但是有害昆虫也同时变得更加活跃。在夏威夷，引入蚊子以后，原生鸟类被疟疾摧毁殆尽，侥幸存活下来的几个濒危种也基本都在高海拔地区，那里气温低，蚊子难以存活。随着气温升高，蚊子和它携带的疾病也将向山地高处扩散，缩减甚至消除这些本已脆弱的鸟类的栖息地。

水体温度的日渐升高也造成了水体的富营养化，最直接的表现是水生植物的过度生长。植物在生长活跃的时候会释放氧气，当它们死掉以后，即使其他植物仍在生长，这些死去的植物在分解过程中也会吸收氧气并释放二氧化碳。而蚊子的幼虫却可以在贫氧的水中存活下来，因为它们可以通过呼吸管从水面摄取氧气。

蜉蝣的幼虫在它的水生阶段以蚊子和蚊子幼虫为食，等到进入成虫阶段变成会飞的昆虫，就成为迁徙和营巢繁殖中的鸟巨大的食物来源。但是蜉蝣生物却需要在高含氧量的水中生活。当富营养化使得湖泊和池塘不再适于蜉蝣生物生存的时候，我们失去了对蚊子数量的自然制约，而鸟类则失去了一个重要的食物来源。天然水体本可以为像紫崖燕和美洲夜鹰这样可爱且种群数量已经下降的鸟提供丰足的食物。

随着春季气温提前变暖，营巢时机和天然食物出现之间存在时间差。例如，很多植物和昆虫出现的时间提前了。在美国南部和中部各州越冬的鸟可以利用这变暖的气温和提前获得的食物，将迁徙和繁殖时间也相应提前。但是那些在热带地区越冬的鸟并不能感受到墨西哥湾另一边的天气变化，它们仍然在其往年的既定迁徙日期前后迁徙到繁殖地，而这时往往已经错过了昆虫数量的重要波峰——波峰时的昆虫本可以为它们的迁徙补充能量，为繁殖提供丰富的食物。

最终，一些投机取巧的鸟往北分布与气温相关。当冬季少冰的时候，绿头鸭和加拿大黑雁在冬季会到达更北的地方，它们的越冬区也会扩张。越来越多的八哥、旅鸫和其他很多种类能够在北部的冬季存活下更多数量的个体，在某些情况下，会把更能适应严酷环境的种类排挤走。随着那些种群向更北撤退，它们的潜在总分布区也会收缩。冻土融化被预测会影响旅鼠，而旅鼠是雪鸮的主要食物。很多鸟类还要承受着极端高温带来的生理压力，越来越热的夏季可能会给这些种类带来惨重的伤亡。

Q **我总是听到鸟类种群数量下降的消息，但我却看到比以前还要多的旅鸫。到底是什么情况？**

A 没错，旅鸫的数量增加了。这些“多面手”已经很好地适应了城市化带来的栖息地变化，并且茁壮成长。但是有些鸟的数量正在极速下降。2007年，美国奥杜邦协会发布的一份报告指出，自1967年以来，很多我们最常见的可爱鸟类，其种群数量已经下降了50%或者更多。比如，东草地鹨已经下降了72%。

自刘易斯（Lewis）和克拉克（Clark）开始记录艾草松鸡以来，其种群密度和分布范围都已有所缩减。美洲夜鹰和三声夜鹰也变得日益稀少。红腹滨鹬数量在1995—2005年间足足下降了80%。因此环保组织在2005年请求美国鱼类和野生动物保护局，将红腹滨鹬的*rufa*亚种列为“濒危”等级，并为其判定了关键栖息地范围。但是此保护请求没有得到批准。被列入官方指定的“受胁”或“濒

危”等级的物种能够获得相应级别的保护措施，但将正在下降的物种列进去变得越来越难。

尽管有些种类日益衰败，但仍然充满希望。栖息地的逐渐恢复已经帮助黑纹背林莺的种群数量在30年间增长了10倍以上。在湿地环境逐渐恢复的地方，水禽的种群数量都能快速有所提升。自然保护的项目、保护地役权，以及其他保护倡议也已经帮助了正在衰败的草原物种。当我们集体决定共同解决一个问题的时候，我们通常都会取得成功。

Q 我在佛罗里达州参加了一场当地观鸟活动，我看到一些漂流的小鸟，领队鉴定是灰斑鸠。我很兴奋，但是领队说它们不是美国原生物种，所以它们不是“好的”种类！这是事实吗？

A 灰斑鸠确实是很漂亮的小鸟，它们在欧洲东南部和日本的生态系统中扮演了非常重要的角色，是那里的原生物种，但不是佛罗里达州的原生物种。这些斑鸠是20世纪70年代人们在巴哈马群岛上放生的，到1982年它们自由扩散到了佛罗里达州。它们在墨西哥湾岸区数量最为丰富，但是整个分布区已经扩展到加利福尼亚州、英属哥伦比亚、大湖区，以及墨西哥的韦拉克鲁斯。

到目前为止，在美洲没有发现灰斑鸠与其他本土物种存在食物和巢址选择方面的竞争关系，而且灰斑鸠的引入可能会比大多数其他的引入物种的破坏性小。有些引入物种会导致原生物种的种群数量下降，因为它们与原生物种存在巢址竞争。例如紫翅椋鸟和家麻雀就强势占领了原生物种红头啄木鸟、紫崖燕和蓝鸲的营巢洞穴。

Q 引入种不是能够增加这一地区的生物多样性吗？难道这不是一件好事吗？

A 生物多样性是指在生态系统内部和不同生态系统之间的生命形式的变化，经常被用来衡量一个生物体系的健康程度。所以答案当然是肯定的，每增加一个新的物种就是在增加生物多样性。

不过事情并不是那么简单。想想外来入侵植物：一种植物，诸如野葛、千屈菜、欧洲水蓍草或黑雀麦，迁入一个地区后，会迅速挤占掉各种原生植物的生存空间，使得该地区的总体植物多样性迅速降低。例如，当黑雀麦入侵西部牧场后，它迅速挤占掉了当地的原生鼠尾草，这是艾草松鸡种群急剧衰退的主要原因之一。

入侵的外来鸟种会产生同样的后果。家麻雀和原生的蓝鸲、鹪鹩、紫崖燕、蓝翅黄森莺一样，在洞穴中筑巢，但是自己并不会挖洞。所有这些种类通常会占领废弃的啄木鸟洞、树枝腐烂形成的洞穴，或者类似的封闭空间。对很多种类来说，这些洞穴资源是它们

的限制因素。当家麻雀移入一个地区，它们会侵略性地将原生物种驱逐出自己的巢址，通常是摧毁巢中的卵、杀死幼鸟和成鸟。家麻雀的广泛入侵是紫崖燕种群衰退的一个重要因素。

很难预测哪个物种迁入一个新的区域后会成为入侵种，而一旦将入侵种引入后就更加难以控制。从一开始就防止外来种的引入，对保护生物多样性是至关重要的。

Q 旅鸫和雪松太平鸟经常来访问我的鼠李树。我继母说鼠李树是外来入侵物种，让我把它除掉。既然鸟儿们喜欢，它怎么会有害呢？

A 药鼠李和泻鼠李在美国确实是外来入侵种。它们被引入美国一部分是作为庭园灌木，另一部分是作为具有泻药功效的草药。它是一种入侵“害虫”，排挤其他的灌木，还是大豆蚜虫的主要寄主。

鸟儿们狼吞虎咽地在鼠李树上吃浆果，然后飞走，排便的时候把种子排到其他的地方。这看起来对鸟类来说是个不错的交易，但实际上，鼠李可能对它们并没有什么益处，而且对环境肯定是有害无益的。因为鼠李排挤掉的那些原生灌木可以在鼠李没有果实的时候为鸟类提供食物来源。

因此，是的，如果你家庭院里种的是药鼠李，确实应该把它砍掉。不过它们会很快长回来，所以很多权威专家建议用除草剂处理地里剩余的树桩。如果你这样做，要小心只能用于鼠李树上。你可以用你们当地的果树和灌木来代替鼠李树。你可以从当地的园艺俱乐部或者自然资源或环境保护部门找到很多推荐品种，以供选择。

很多鸟在大量吞食果实后会从消化道中分离出种子，然后反刍进行二次消化。但是雪松太平鸟却是让种子直接通过消化道排出体外。科学家们曾利用这个特性估测雪松太平鸟对果实的消化速度。

伊甸园里的烦恼

入侵物种会带来严重的威胁，当我们意识到的时候就已经太晚了。例如，在夏威夷群岛上引入蚊子给原住民和原生鸟类造成了严重的问题，但是直到外来鸟种被引入以后这个问题才更加严重。这些从其他地区引入的鸟种携带着血液传播的病原体，在长期的进化历程中它们自身已经获得了免疫能力，然而当蚊子叮咬它们之后再去叮咬还没有获得免疫的夏威夷原住民和原生鸟类，就会把这些病菌也一起传递给他/它们。

特别是疟疾，摧毁了群岛上的原住民和原生鸟类种群。在群岛低海拔地区蚊子活跃的地方，夏威夷的原生鸟类几乎全部灭绝。在夏威夷群岛，气候变化的关注点之一就是气温变暖使得蚊子可以扩散到较高海拔地区，从而减少了原生鸟类最后一点赖以生存的栖息地。

很多被引入夏威夷群岛的鸟都美得惊人，但它们每一种也都在其他地方有所分布。而夏威夷的原生鸟类，如镰嘴管舌雀和白臀蜜雀，在我们这个地球上其他任何地方都再也找不到了。在71种已知的夏威夷特有鸟中，26种已经灭绝，存活下来的种类中有30种（包括亚种）被美国鱼类和野生动物保护局列入“濒危”和“受胁”等级。

一朝灭绝，永不复得

Q **我知道渡渡鸟和旅鸽的遭遇，此外还有哪些鸟是在20世纪灭绝的？**

A 1918年，最后一只人工饲养的卡罗来纳鹦鹉在动物园中死去。极北杓鹬可能已经灭绝——自20世纪80年代中期开始的定位追踪工作已经失败，但孤立的未经证实的目击事件直到21世纪初仍时常出现，这种优雅的水鸟仍有希望存活少量个体。

很多研究人员相信，象牙喙啄木鸟已经灭绝，直到2004年，有目击者在阿肯色州的大森林里记录到至少一只雄性个体，但此记录存在争议。在佛罗里达州、阿肯色州和其他地区，研究者对这一物种的深入调查进展艰难，并没有明确证据证明这一物种仍然存在。

美国东南部的黑胸虫森莺也基本灭绝。最后一笔美国境内确定的目击记录是1958—1961年，在南卡罗来纳州查尔斯顿附近，但是零散的未经证实的目击记录在美国东南部和古巴一直持续到20世纪80年代。

美国的大多数灭绝事件都出现在夏威夷，仅20世纪期间我们就失去了莱岛秧鸡、夏威夷吸蜜鸟、欧胡吸蜜鸟、拉奈孤鸫（可能灭绝）、夏威夷钩嘴雀、大颚雀、短镰嘴雀（可能灭绝）、长嘴导颚雀、大绿雀、莫岛管舌雀、瓦岛管舌雀、安娜黑领雀、黑监督吸蜜鸟和毛岛蜜雀（在2004年才宣布灭绝）。

帮助濒危物种“东山再起”

当种群数量严重下降的鸟被列入“受胁”或“濒危”等级，濒危物种法令对帮助它们非常有效。濒危物种法令制定并施行后启动的鸟类保护倡议取得了几项真正的成功。以游隼为例，本来游隼已经几乎从整个美洲东部消失，但是将驯鹰人喂养的幼鸟重新引入野外的工作使这一物种重回东部，最终将它的保护等级从“濒危”降至“受胁”。

猛禽回归

禁用DDT后，鹗和白头海雕未经重引入，数量就有了显著的恢复。20世纪60年代，在阿拉斯加和加拿大的大部分地区，白头海雕的数量保持在相对较高的水平，但是1963年，其在美国本土48个州的数量降到417繁殖对。而到1999年，其种群数量增加到5000多繁殖对。除在西南地区被列入“受胁”等级外，白头海雕已经在其他地区从濒危物种名录中被移除。

20世纪50至70年代，在纽约和波士顿之间的海岸营巢繁殖的鹗数量下降了90%。而它的种群恢复速度实在令人吃惊——2001年的种群数量估算已经达到16000～19000繁殖对。

拯救鸣禽

1975年调查发现，只有不到200只鸣唱的黑纹背林莺被限制在密歇根的一个小区域内。而在2007年的调查中记录到了1707只，其中包括威斯康星州的8只和安大略省的2只。

黑纹背林莺是一种非凡的鸟，它们只在短叶松底部树枝下方的地面上营巢繁殖。短叶松是适应火灾的物种，它的球果经常很多年都一直紧紧闭合，直到暴露在火焰的高热中才会将种子释放，并使种子萌发在被火烧过的土地上。随着短叶松的老化，其底部树枝也相继掉落，不再适合黑纹背林莺筑巢繁殖。一旦短叶松失去了它们下部的树枝，黑纹背林莺就会放弃这片区域，直到大火开启一个新的轮回。

黑纹背林莺从来未有过大规模的种群，20世纪中期它们的数量严重下降，以至于在20世纪70年代种群数量更下降到只有不到200繁殖对。有两个因素导致了它的数量减少。其一，火灾的防范同时也阻止了新的短叶松萌生取代老树；其二，褐头牛鹂的种群在本地迅速增长。20世纪60年代末期，在一个29巢的取样调查中，有70%的巢被褐头牛鹂寄生，只有2只林莺幼鸟成功出巢。

多亏了林区控制焚烧和诱捕牛鹂的工作，黑纹背林莺个体数量现在已经增长到了超过3000只。

精彩的呐喊者

美洲鹤在1941年仅存十五六只，2009年4月野外总计328只（包括自然种群和重引入种群）。在阿兰瑟斯国家野生动物保护区内的越冬栖息地保护工作和深入细致的重引入工作，是这一增长的主要原因。

尽管已取得的成果非常显著，美洲鹤种群仍然极度脆弱。在得克萨斯湾海岸沿线的河口越冬的自然种群，依赖于丰富的青蟹作为冬季食物来源。当青蟹数量充足的时候，鸟群就有优质的冬季生存条件，并能增加足够的体重。在这些年份，它们春季迁徙到达繁殖地时保持了最佳的身体状态，而它们在北方的繁殖成功率也会提高。

但是河口盐度升高导致了青蟹数量减少。更多的美洲鹤没捱过冬季就死掉了，有的时候是因为消瘦虚弱而死，有的时候是撞到电线和建筑物上而死，因为它们需要飞行更远的距离去寻找食物。2008—2009年的冬季就是这样的年份，截至4月，有23只个体死亡，损失超过了8%。

河口的盐度是与天气相关的，当降雨量减少时，阿兰瑟斯河和其他汇入河口的航道水位全都下降。但是水位的下降还和人类消耗水量有关，不仅仅是饮用和用于农业灌溉，还包括用于游泳池和草坪绿化。得克萨斯州的人口数量还在持续增长，美洲鹤的未来仍是个问号。幸运的是，有很多人和机构持续关注并承诺保护这一美丽且富有魅力的物种。

见第150、213、233页，了解更多美洲鹤的信息。

召回海鹦

1885年，人们在缅因州马斯康格斯湾的东卵岩，将最后一只北极海鹦猎捕回来。直至20世纪中叶，在美国的海域内，海鹦只生活在两个岛上，即马库拉斯海豹岛和马蒂尼克斯岛，它们都在缅因州的海岸之外。

尽管海鹦种群在更北边的岛屿上发展得很好，但它们不再到曾经营巢的岛上来繁殖了，尽管这个岛已经受到了保护。海鹦每年会回到他们出生的岛上繁殖，一旦这个岛上没有海鹦存活，鸟儿也就不会再回来了。

1973年，史蒂芬·克雷斯（Stephen Kress）博士开启了一个由美国国家奥杜邦协会资助的实验性项目，试图通过在东卵岩的洞穴中养育小海鹦来吸引北极海鹦重返该岛。1973—1986年，一共有954只小海鹦从纽芬兰岛被移居到东卵岩岛。小海鹦会在草地上的洞穴中由人工养育大约一个月。奥杜邦协会的生物学家每天都会在这些洞穴中投放一把一把的经维生素强化饲养的小鱼，以此代替海鹦亲鸟的哺育。共有914只小海鹦成功出巢，飞向大海。至少两三年之后，这些小海鹦会回到它们出生的海岛繁殖后代，到1977年6月，其中有一些个体开始回到东卵岩繁殖。

1984年，美国国家奥杜邦协会和加拿大野生动物管理局在佩诺布斯科特湾外的海豹岛国家野生动物保护区内启动了一项类似的海鹦种群恢复项目。在2008年，多亏了这些项目，101对海鹦在东卵岩上繁殖筑巢，在海豹岛国家野生动物保护区内发现了375对海鹦筑巢。这是保守估计的数字，因为缅因州的海鹦巢都藏在大石头下的隐蔽洞穴中，很难准确计数。

该北极海鹦种群恢复项目是一个精彩案例，向人们展示了承诺和创新行动是如何将一个已经消失的种群重新带回来的。

—— 第二部分 ——

鸟类的大脑：鸟类的行为和智力

第五章

事实胜于雄辩：鸟类的行为

鸟类是迷人的！不管是注视主红雀在我们窗边的灌木丛中筑巢，还是观察红翅黑鹂在天空中追逐硕大的红尾鵟，抑或是欣赏电视屏幕上一对跳舞的北美䴙䴘迅速溜向湖对岸，我们都会不由自主地惊讶于它们每日的生活。最新的研究表明，鸟类远比我们曾经以为的更加聪明。还有研究发现，山雀和金丝雀类的小鸟每年都会更新它们的脑神经细胞，这样可以帮助它们及时删除过时的记忆，以便产生和存储新的记忆，对于它们相对较小的脑容量来说，这样做能使它们跟上身边不断变化的世界。我们了解得越深入，鸟类带给我们的惊讶也就越多。

如何像鸟一样思考

Q 鸟类的大脑有多大?

A 鸟类的大脑比相同体型爬行动物的大脑大6～11倍，而大脑体重比可以与哺乳动物媲美。因为鸟类的大脑结构在某种程度上与爬行动物的大脑结构相似，科学家们一直以来都是将描述爬行动物大脑结构的术语同样用于描述鸟类的大脑。但是在2005年，基于鸟类的认知能力更接近于哺乳动物这一共识，一个神经系统科学家联合会建议采用新术语描述鸟类的大脑结构。科学家们断言，有着百年传统的系统命名法已经过时，不能反映最新研究成果所揭示出的鸟类大脑的智能。

Q 我在报纸的专栏报道中了解到，蜂鸟能够记住饲喂它的人。有这种可能吗？

A 亚历山大·斯凯奇（Alexander Skatch）在哥斯达黎加持续开展了几十年的鸟类研究，在《蜂鸟的生活》（*The Life of the Hummingbird*）一书中他写道，经过多年的深入观察之后，他相信蜂鸟确实能够记住给它喂食的人。当一只蜂鸟在春季来到你的窗前，向窗内张望，好像在期待你能喂给它食物，很容易认为，这是一只你在去年夏季喂过的个体。它很可能就是那只，但是没有对个体进行标记，我们还不能完全确定。

系统地研究蜂鸟这种体型极小的鸟要比研究其他体型较大的鸟难度更大，因为只有少数几个人取得了蜂鸟环志的认证，而且适用于蜂鸟体型的脚环实在太小，必须要重捕才能看清上面的信息。用彩标标记蜂鸟的羽毛可能会影响其他个体对被标记个体的反应，干扰它们正常的社会交往和行为，目前尚没有相关的研究得出确定的结论。所以，尽管我们的猜测是正确的，还没有从科学上得到验证。

乌鸦永远也不会忘记

2008年一项令人着迷的研究让我们知道短嘴鸦能记住人类的面容。约翰·M. 马兹卢夫（John M. Marzluff）博士，是华盛顿大学的一位野生动物学家，他注意到一个现象，那些被他捕捉过的乌鸦要比从没有被捕到过的更加谨慎小心，也更难被再次捕到。所以他设计了一个实验，用来验证这些乌鸦是不是真的能认出他的脸。

为了验证鸟类对面容、服装、步态和其他特征的识别能力，马兹卢夫博士准备了一些橡胶制的穴居人面具和迪克·切尼（Dick Cheney）面具。他和他的团队戴上穴居人面罩在西雅图的校园内捕捉并环志了7只乌鸦。在接下来的几个月中，马兹卢夫博士和他的学生以及志愿者们在校园范围内沿设定好的路线散步，他们并不去打扰乌鸦，但都戴着穴居人或迪克·切尼的面具。结果发现，乌鸦将戴着穴居人面具的志愿者看作“危险”信号而发出责骂声的情况明显比它们被捕捉之前的反应要强烈，即使给面具戴上帽子作为伪装，或者上下颠倒来戴也没有用。而戴上迪克·切尼面具则几乎没有引起什么反应。

在接下来的两年中，尽管不再有乌鸦被戴着穴居人面具的志愿者捕捉或环志，但是捕捉所带来的影响却是成倍增长。马兹卢夫博士戴着穴居人面具在校园里的实验路线上散步，遭到了53只乌鸦中47只的责骂，这个数量远远超过曾经真正被捕捉的或者目击到之前捕捉现场的乌鸦的数量。于是他做了个假设，乌鸦学习识别危险人类的经验，既来源于它们的直接经历，也可以从亲鸟和种群中其他个体成员那里间接习得。

之后，马兹卢夫博士重复了实验，在实验中使用了更多由专业制造者制作的面具，在西雅图地区设置多处点位，戴上其中一个面具（即“危险面具”）捕捉乌鸦。然后，他招募志愿者，戴着面具散步走过西雅图的多个地区，他们佩戴的面具有可能是那个“危险面具”，也有可能是其他任意一种风格的面具。结果佩戴有“危险面具”的志愿者收到的反应显然更强烈——乌鸦会责骂他们，在西雅图市中心甚至会俯冲下来，几乎撞到志愿者身上。乌鸦可以准确无误地选出戴着“危险面具”的志愿者，对其愤怒责骂，而对那些在抓捕过程中没出现过的面具则不会有此反应。

年轻的短嘴鸦通常在4岁或4岁以后才会正式参与繁殖。在大多数种群中，年轻个体在独立繁殖前会有几年的时间帮助亲鸟照顾新出生的小鸟。短嘴鸦的家族可以同时有多达15个个体，包括5年以内出生的年轻个体。

Q **我隐约记得在我很小的时候有一档电视节目播放了一段一个男人和美洲鹤跳舞的画面。确实有这样的事情吗？或者这只是我的想象？**

A 你记忆中的场景是一只鸟和一位科学家的真实故事，这位科学家与鸟儿的精彩互动提供了很多有关圈养条件下如何成功养育那些已被亲鸟“印记（imprinting）”[1]的美洲鹤的信息。他们的联结实际上带来了保护工作的一次胜利。这位科学家就是乔治·阿奇博尔德（George Archibald），世界鹤类基金会（International Crane Foundation）的创始人；而那只美洲鹤名叫特克斯（Tex），20世纪60年代中期孵化于圣安东尼奥动物园。它需要特别的照顾，因为它是人工饲喂长大的，它把人类印记在自己的大脑里。在它性成熟开始繁殖之前，它被送到了帕特森图野生动物中心（Patuxent Wildlife Center），中心的工作人员一直在努力帮助它接受另外一只雄性美洲鹤作为伴侣。但是它明确表现出对照顾它的饲养员的好感，对其他鸟没有一丝兴趣，而且也从未产下过一枚卵。

1975年，特克斯被转移到位于威斯康星州的国际鹤类基金会，由阿奇博尔德照顾。这位科学家由此开始了一项长期的实验，尝试使这只把人类印记在自己的大脑里的美洲鹤与人类建立起真正的伴侣关系，从而诱导它产卵并进行人工授精。1976年，阿奇博尔德搬进鹤舍与它同住了好几个月，成功地和特克斯建立了“恋爱”关系，定期和

① 幼小动物在其发育的特定时期不仅会对它所遇到的任何移动着的物体产生印记，而且以后还会对这一物体表现出性行为和社会行为。［参见：尚玉昌《动物行为学》（第二版），北京大学出版社，2014年。］

它进行“婚舞”。他跟随着它的带领，振翅、跳跃。第二年春季，特克斯在它10岁时产下了生平第一枚卵，但是没有受精。

第二年春季他们又试了一次，这次特克斯产下了受精的卵，但是还没有孵化出来就死掉了。1979年，特克斯产下的是软壳卵，而且卵壳破了。终于，在1981年5月3日，特克斯产下了一枚受精卵，并成功孵化出一只小美洲鹤，他们给它取名吉飕飕（Gee Whiz）。1982年，特克斯受浣熊袭击而死，但是它的基因却继续流传着：吉飕飕作为父亲生育了很多小美洲鹤，其中的一些小鹤在美洲鹤的重引入项目中被放归野外。

又见第139、213、233页，了解更多美洲鹤的信息。

巢寄生和神秘的印记现象

Q 去年夏季我看见一只歌带鹀给它的宝宝喂食，只是那只雏鸟实在太大了——看起来有亲鸟的两倍那么大！鸟类生养这么大的宝宝有多常见？

A 你看到的并不是一只巨大的歌带鹀——那是一只褐头牛鹂。雌牛鹂把卵产在歌带鹀的巢中，而歌带鹀就把这只小鸟当作自己的孩子照顾，把它养育长大。当小牛鹂能够养活自己，它们就会离开养父母，加入牛鹂群体。

牛鹂是巢寄生鸟类。它们天生不会自己筑巢，也不会亲自照顾自己的孩子。相反地，雌牛鹂整个春季和初夏都在搜寻鸟巢，供它们把卵产进去。牛鹂可以产很多很多卵——有些个体一个繁殖季可以产下40枚卵！

牛鹂搜寻寄主鸟巢的时候会静静地蹲坐在树枝上，观察附近进进出出的其他小鸟，有时也会在降落时故意拍打翅膀，在树叶中制造声响，这样做可能是为了惊吓和驱赶附近巢中的亲鸟。当它们发现一个合适的鸟巢，它们会耐心等待直到巢主人离开，然后迅速冲进巢里。通常情况下，它们会吃掉或者丢掉巢中的一枚卵，然后产下自己的卵代替那枚被毁掉的卵。而歌带鹀亲鸟则会被迷惑住，精心喂养牛鹂宝宝。

一只歌带鹀出壳时大约重0.08盎司（约2.3克）。出壳后第一天它们的体重会增长一倍，到第11天出巢时，体重大约是0.67盎司（约19.0克）。一只牛鹂在刚出壳时并不比刚出壳的歌带鹀重多少，但是仅仅7天它就会长到约1盎司重（约28.3克）。它的乞食更加响亮也更积极，它的喙张开得比歌带鹀幼鸟的更大，因此它们能够比真正亲生的歌带鹀幼鸟争得亲鸟更多的食物。除非食物资源特别丰富，歌带鹀亲鸟基本上不能满足牛鹂幼鸟和其他所有幼鸟的食物需求。经常有至少一只亲生幼鸟会死于饥饿。

Q 为什么这些鸟儿们不把牛鹂的卵或刚出壳的幼鸟扔出巢去，反而还要费力喂养它？

A 牛鹂选择的寄主大部分都比自己体型小，它们的喙也小得多，不能轻易将牛鹂卵咬碎。假使它们试图这么做，也很容易刮伤或刺破它们自己的卵。当灰蓝蚋莺察觉到巢中有牛鹂的卵后，它们有时会将这个巢整个丢弃掉，重新搭建新巢。黄林莺有时会在原巢上面加建一层，将寄生的牛鹂卵连同自己已经产下的卵一起留在“地窖”中，而它们不会再去孵育“地窖”中的卵。有些黄林莺的巢甚至加建到六层，每一层中都有至少一枚牛鹂卵！

但是，对于使用这种策略的蚋莺和黄林莺来说，实际上是放弃了所有它们已经产下的后代。对于歌带鹀和其他大多数寄主来说，如果它们试着保护自己的幼鸟而丢弃牛鹂的卵，实际上也不会有什么成效。研究人员发现，褐头牛鹂会定期回到巢中检查。一旦发现自己的卵无故失踪，它就会毁掉巢里剩下的其他所有的卵或幼鸟——研究人员们将这种行为称为“黑手党的报复”。因此，一个鸟巢被褐头牛鹂产卵，对于寄主来说，如果它们将牛鹂幼鸟养育长大，就能有较大的机会成功养大至少一只自己的后代。

这些鸟儿孵育牛鹂幼鸟长大还有另外一个原因，鸣禽类小鸟具有一种孵化巢中的卵并喂养巢中幼鸟的本能冲动。如果它们觉得某个卵或者幼鸟看起来不对劲，心中起疑，它们有时会从自己的卵或幼鸟中抛弃一个。不过大多数鸣禽听到幼鸟乞食的叫声或者看到幼鸟那张得大大的色彩鲜艳的嘴时，都会本能地去寻找食物，试图喂饱它们。在一项实验中，斑姬鹟不断地带回食物喂给它自己的幼鸟吃，尽管小鸟们都已经吃得心满意足，但只要研究人员播放幼鸟乞

食的录音，它们就会不停地寻找食物给小鸟喂食。野生动物救护人员在野外"孵育"幼鸟时会利用这一特点，他们会找一个有着相同日龄的同种野生鸟的巢，把小鸟放到这个巢中，让亲鸟代替他们照顾这只小鸟。

尽管像喂养巢中雏鸟这样的冲动，以及鸟类其他很多行为都是天生的本能，但应对牛鹂巢寄生的策略都是经过实践筛选学习而来的行为。养育一只牛鹂所需的高成本似乎导致一些有经验的个体开始明白，成年牛鹂送来了一个大麻烦。研究人员发现，在发现巢附近有褐头牛鹂鬼鬼祟祟出没后，年长的雌性歌带鹀要比缺少经验的年轻个体发出更多的警戒叫声。具有讽刺意味的是，最终褐头牛鹂在年长的歌带鹀巢中产卵的现象似乎要比在年轻个体的巢中更多，这可能是因为歌带鹀的警戒叫声实际上也是在向褐头牛鹂发出信号：附近有巢。

鸟宝宝那色彩鲜艳的大嘴可以刺激亲鸟的喂食行为。有一个例子：一只失去配偶和幼鸟的主红雀，在之后的好几天里都站在一个鱼塘边，往颜色鲜艳的金鱼嘴里填喂食物。

Q 如果牛鹂是被其他鸟类喂养长大的，为什么它们没有被寄主“印记”？

A 人们仍然在研究这个问题。牛鹂出巢独立生活以后就会加入其他牛鹂群体，从此不再与它的养父母有任何关联。最近的研究表明，雌性牛鹂可能会关注它的后代。有少量记录描述了雌牛鹂给巢中的牛鹂雏鸟或刚刚出巢的牛鹂幼鸟喂食的情形，其中一则记录提到一只雌牛鹂给一只牛鹂幼鸟喂食，它们都被环志标记过并经亲缘鉴定确认为牛鹂母子。没有令人信服的证据证明，成年牛鹂会定期维护与其后代的关系，但是我也确实观察到成年雌性牛鹂和刚出巢的牛鹂幼鸟站在同一根树枝上，同时也有很多报道称，成年雌性牛鹂饲喂的小鸟中可能是它自己的孩子。不管是后天习得还是出于本能，牛鹂幼鸟显然非常清楚自己是一只牛鹂，而不是莺、鸦，或者其他种类。

褐头牛鹂是北美洲唯一一种巢寄生繁殖的鸟类，但在全球范围内还有其他很多种类有这样的习性。大杜鹃、寡妇鸟、响蜜䴕和黑头鸭，都是在别种鸟的巢中产卵，并把抚育幼鸟的重担留给寄主的。

了解食物

Q **有些鸟以所有种类的甲虫和种子为食，而另外一些鸟却因忽视绝佳营养来源的食物最终饿死。鸟类是如何识别什么是食物，什么不是食物的？**

A 有些鸟因为它们的喙、足（爪）、耳和眼的专有适应性而限制了它们的食物选择。一只饥饿的黄腰林莺也许能在喂食器取食葵花籽仁，但却不能自己嗑开葵花籽壳。它的消化系统被设计为消化软食；如果连壳吞下整个葵花籽，它的胃将无法磨碎瓜子壳，因此黄腰林莺会将整个带壳的葵花籽弃而不顾。和其他林莺不同，黄腰林莺可以消化月桂树和野莓属植物的果实。有些鸟类的喙被设计成能够从特定的植物中衔出食物，如果它们没有本能地找到特定的那种植物取食，它们就需要学习，或者饿肚子。

蜂鸟的喙是一个极端的例子：喙的长度和曲度能够完美地适用于插入某一种特定类型的花朵中心，而若想插入其他花朵中取食则非常困难。因此，对于它们所适应的那类花朵，它们几乎没有可以与自身争夺食物资源的竞争者。

滨鸟的喙特化为适用于在不同深度的沙地和泥地中取食不同类型的食物。例如鸭子、琵鹭和其他一些鸟类，在较浅的开放水域的水底取食，它们的喙适应于滤食，即吞进几大口水后把水滤出，把水中的食物留在嘴里，然后吞下。

鹗和大蓝鹭捕食大小相近的鱼，但取食的区域不同，以适应各

口味测试

特化的鸟可能会因为它们自己的身体特征而使食物选择受限。但即使是非特化的鸟，它们的食物选择也会受限制。冠蓝鸦是杂食性鸟，在它们毕生的旅行中，它们会遇到很多种不熟悉的植物种类。有些浆果和昆虫看起来完全没有问题，但实际上可能是有毒的。

为了测试一种新的植物种类能不能吃，我饲养的冠蓝鸦们会开始只尝一小口，等几分钟之后才会大口取食。如果这种新食物有害，冠蓝鸦今后会避免类似的食物；如果无害，则下次再喂给它们同样的食物时它们就不会有任何迟疑。有一个著名的例子，一只人工饲养的松鸦吞下一只黑脉金斑蝶（monarch butterfly）之后呕吐不止，此后它避免一切橙色的蝴蝶，即使其他橙色蝴蝶并没有毒性。

自不同的捕鱼方式。当一只鹗捕到鱼后，它可以用爪抓着猎物飞回巢中。大蓝鹭的爪适合涉水和栖息，并不适合抓持猎物。所以它们会先把鱼吞下去，飞回巢以后再反刍出来哺喂幼鸟。

乌林鸮通常情况下以小型哺乳动物为食，特别是草原田鼠，它们能够听到田鼠在隧道中活动的声音，哪怕那些隧道埋在18英寸（46厘米）的雪下。乌林鸮有大大的耳朵，大而不强的爪，以及一对大翅膀，其能在自身被雪埋住时，轻易将相对轻量的躯体推出雪堆，这些都是它们捕食田鼠这种隐蔽性强的小猎物的适应性特征。当田鼠种群数量急剧下降的时候，乌林鸮就会全体“入驻”新地区。有些个体仍继续专门以田鼠为食，而另一些则会学习捕捉其他小动物为食。2004—2005年的冬季，成百上千只乌林鸮造访明尼苏达州北部地区；有一部分个体被记录到捕食野兔、松鼠，甚至麝鼠，但绝大多数乌林鸮仍待在草原地区，以搜寻田鼠为生。

Q **当北部地区所有湖面都结冰时，白头海雕怎样才能生存下来呢?**

A 白头海雕喜欢捕食新鲜的鱼类，但它们同样也会以腐肉和垃圾为食。这让我们有点儿不安，堂堂美利坚合众国的象征竟

乌鸦从其他动物那里偷取食物。有人观察到乌鸦会先分散河獭的注意力，然后把它的鱼偷走；乌鸦还会尾随在浅水中追踪捕食的普通秋沙鸭，然后把追踪目标米诺鱼据为己有。乌鸦有时还会跟踪长途迁徙后的小型鸣禽，然后把这筋疲力尽的小鸟抓住、吃掉。它们还跟踪这些小鸟找到它们的巢，把巢里的卵和雏鸟吃掉。乌鸦还会自己捕鱼，偷吃人们放在门外的狗粮，或者从树上摘果子吃。

然以翻垃圾堆为生。但也正是这种拓展食物选择范围的能力使得白头海雕在生存竞争中如此成功。

风中进食

美洲夜鹰是在飞行中捕捉昆虫的专家。它们那又大又柔软的嘴基上长了一个极小的喙。它们把嘴张得大大的，向飞行中的蛾子和其他昆虫快速飞去，不需要停下来吞咽，这些昆虫就直接落入它们的喉咙和食道。而一旦美洲夜鹰停下来落在地上，即使是最肥美多汁的甲虫也可以安然无恙地从它身边经过，因为夜鹰的嘴太小、太脆弱，而残存的舌头又长得太靠后，即使处在最饥饿的状态下，也没法捕获甲虫。

我是一名持证的野生动物康复师，我的专长是照顾夜鹰。给第一次来到我这里的夜鹰喂食时，我必须特别轻柔地逗开它的嘴，把黄粉虫或一种特制的食糜放到它口腔后部，并轻轻敲击它的喉咙以帮助食物下咽。几天之后，它们看见我就会自己跑到我面前，把嘴张得大大的，等着我喂食，但它们通常需要再过几天才能不需要帮助，完全自己把食物咽下去。极佳的适应性使得它们能够特别成功地在飞行中捕食昆虫，而这也限制了它们吞食任何其他食物的能力。

你叫谁白痴？

这里有几个例子，可以说明鸟类比我们人类以为的要聪明得多。

- 在野外，松鸦和乌鸦能够记起自己储存食物的时间、地点以及食物种类。
- 有一些种类的鸟儿，包括鸸科鸟，都被观察到使用工具的情形。有记录称，分布在东南部的褐头鸸用加工过的松树皮去撬开其他片状树皮，来寻找藏在下面的昆虫。而分布在西部地区的小鸸则被观察到用细小的树枝探查松树的裂缝，以搜索昆虫。
- 至少有一种鸟，新喀鸦，能真正制造工具。有一只迷人的人工饲养的新喀鸦，名叫贝蒂（Betty），它能够利用一段电线制作挂钩，把管子里面的食物钩出来。在野外，这种鸟儿用嘴叼着尖头树枝或针，把昆虫从木头中钓出来。
- 有些鹭鸟会放置诱饵捕鱼。视频网站上一段特别流行的小视频展示了一只美洲绿鹭向水中投面包捕鱼的情景，在等鱼儿啃食面包的时候它还四处走动。
- 日本城市中的乌鸦在十字路口投放硬壳坚果；它们等着汽车经过把坚果壳压开，然后等红灯亮起汽车停下，再把果仁取回。
- 有记录称，乌鸦家族中的一些种类会有意地从空中把海螺和其他甲壳动物摔在岩石或其他坚硬的地面上；用下落的冲击力把甲壳摔碎，然后飞下来把肉吃掉。
- 西丛鸦自身的动力应该归功于其他同类——从同伴的食物储备

中偷取食物的西丛鸦个体会更加倾向于不断地搬动和隐藏自己的食物储备以防止被盗，而不是改过自新成为“诚实”的个体。

- 研究人员艾琳·佩珀伯格（Irene Pepperberg）的非洲灰鹦鹉，亚力克斯（Alex），能够辨认50个不同事物的单词，数量识别能够到6，能够区分7种颜色和5种形状，还能够理解“更大”“更小”“一样”和“不一样”的含义。
- 很多宠物鸟，包括鹦鹉、八哥和喜鹊，能模仿人类的语言。很多鸟主人坚持认为他们的宠物鸟能在适当的语境中说话。尽管权威专家们对此通常嗤之以鼻，但是亚力克斯的语言能力是被充分证据证实的，使得很多科学家不得不再次审视人类语言在其他物种中的使用。

鸟儿们所做的最奇怪的事情

Q **我看过一个特别搞笑的视频，是一只鸟在"月球漫步"。这个视频是真实的吗？或者只是特技摄影？**

A 你看到的是一个红顶娇鹟的视频，这是分布在中南美洲的一种小小的、胖胖的、色彩艳丽的鸟。视频中的红顶娇鹟正在表演求偶舞蹈。这个视频第一次播出是作为《自然》节目中的一集，记录的是动物行为学家金伯利·博斯特威克（Kimberly Bostwick）在野外针对3种不同的娇鹟开展的研究。它们每一种都有一套独特且迷人的声音和视觉展示，配合有特化的羽毛和行为动作来加强展示效果。这些雄性炫耀健康强壮的身体状态的行为，都是为了吸引雌性。

雌性会选择求偶舞蹈跳得最好的雄性作为配偶，这样做可能会增加后代获得最高质量基因的可能性。雄性娇鹟会折断树枝，发出口哨声和其他有趣的声音，还会用人类肉眼跟不上的速度跳跃，因此金伯利用高速摄影机以每秒500帧的速度拍摄了这个场景，从视频中我们发现那奇怪的嗡嗡声和点击声并不是从它们口中发出的，而是它们翼尖振动产生的声音。"月球漫步"的红顶娇鹟用一系列快速向后的步伐达成了迈克尔·杰克逊（Michael Jackson）的舞步效果。

娇鹟的这个求偶行为是与生俱来的还是后天习得的呢？在大多数娇鹟科的种类中，两只没有亲缘关系的雄性个体会组成一种合作伙伴关系，在这段关系中它们以一种复合的、相互协调且独一无二的模式唱歌和跳舞，就像红顶娇鹟那样。在娇鹟的这种合作伙伴关系中，一个个体起主导作用，并能与大多数雌性交配；而另一个个体是学徒角色，实际上是在向主导的那只雄性学习并完善自己的展示舞蹈。

Q 有一次我遛狗的时候遇到一只受伤的双领鸻。至少它看起来像是受伤了。我想我应该把它送到康复中心，所以我就一直跟着它，但是它突然起飞，一下子飞远了！我的朋友说，在筑巢繁殖的时候双领鸻会这么做。这只双领鸻真的是故意假装受伤来欺骗我的吗？

A 双领鸻和其他一些种类的鸟儿，从非洲鸵鸟到鸣禽，当潜在捕食者靠近它们的卵或幼鸟时，会进行一种迷惑表演。它们假装受伤时会大声鸣叫、双翅下垂，一瘸一拐地坚持向远处走去，把好奇的人类或满怀希望的食肉动物吸引开，渐渐远离自己的巢址。双领鸻似乎可以配合逼近者的速度，它们引领人类离开的速度要比引领狗离开的速度慢很多。

有趣的是，当逼近者是食草动物时，双领鸻似乎会改变这一行为。一只奶牛或野牛不太可能吃掉双领鸻的卵，但很有可能会把巢

和卵踩坏，而且牛也不太可能不顾一切地去追一只受伤的小鸟。所以，当一只牛靠近双领鸻的鸟巢时，亲鸟会发出粗厉的叫声，并袭击它。甚至有一个报道记录到一只双领鸻在一群狂奔的野牛靠近时径直冲到鸟巢前，发出响亮高亢的叫声，试图引开牛群。

鸟类假装折断翅膀的迷惑表演会在巢中的卵快要孵化出壳和雏鸟渐渐长大的阶段更加频繁，当幼鸟学习飞行并有能力自行躲避危险时，这种行为也就减少了。

Q **我妻子是一个观鸟爱好者。我们去佛罗里达州旅行时，她想去看一种稀少的鸟类——佛罗里达丛鸦。我们按照建议来到一个公园，很快就发现了正站在树顶休息的一只鸟。我妻子想把它拍下来，但她刚架设好相机，就来了一群吵吵闹闹的游客。然而那鸟却并不飞走，反而径直向那群游客飞过去，而且突然又有5只丛鸦飞来！它们竟然落在这些吵闹的游客手臂上，啄食人们带来喂食的花生！这种鸟儿是不是因为太过友好和好奇才导致其种群数量濒危？**

A 佛罗里达丛鸦的种群数量受到威胁是因为它们的栖息地遭到了破坏。佛罗里达覆盖有美洲蒲葵和常绿橡树这些原生灌丛植物的沙地正在遭受破坏，被改造成了柑橘林、房屋和大型购物中心。这些丛鸦在生理上和行为上都已适应了这一特殊的生境，该灌丛生境曾经覆盖了佛罗里达州中部的大部分地区，并在频繁的野火影响下保持一种低矮开放的状态。而现在，这种灌丛生境中的植物至少有35种被列为“濒危”或“受胁”等级。

这些丛鸦极度不爱活动——最成功的个体从不远离它们父母的领地，一生都待在不超出1平方千米的区域内活动。当它们的领地被开发建设，这个家族必须疏散转移，但是它们根本无法找到一块新的领地，因为它们周围所有的灌丛都已经被其他丛鸦占领了。

随着人类房地产项目的增加、消防管理的加强，那些保留下来的灌丛都长得又高又密。这些区域也不再适合丛鸦栖息了，而且家猫这类捕食者能够轻而易举地捉到幼鸟，因此本地的佛罗里达丛鸦种群逐渐减少。这一过程在每一个还有丛鸦分布的地区都正在发生。

佛罗里达丛鸦食性多样，节肢动物、小型脊椎动物、浆果和橡子都是它们的食物。它们的下颌和喙型特别适合嗑开橡子壳，即使在橡子尚未结果的季节里它们也可以吃食无忧。在秋季橡子成熟时，每一只丛鸦都会在它们领地内的沙土下储存成千上万颗橡子。到了冬季，昆虫匮乏，它们就会挖出储备好的橡子，赖以为生。众所周知，它们还会落到鹿、牛和野猪的背上，找出壁虱吃掉。

它们还经常落到人类身上，取食人类提供给它们的橡子、花生

或其他食物。你和你妻子发现的第一只丛鸦其实是一个哨兵，警戒着捕食者和其他丛鸦家族。当人们带着花生来到公园，这个哨兵应该是通知了它的家族，所以它们很快出现，希望得到人们的投喂。

Q 我花了一天的时间在海边观鸟，看到褐鹈鹕几十次俯冲入水。几年前我也看到过美洲鹈鹕，几乎看不到它们俯冲潜水。为什么看起来如此相像的两种鸟，它们的行为会如此不同？

A 美洲鹈鹕专门在内陆淡水中捕食，通常是湖泊和河流的浅水区。如果它们俯冲潜入这些水域，无疑是在自杀！相反，它们经常编成小分队合作捕鱼，紧紧地排成一条线，用翅膀和喙拍打水面，把鱼赶到最浅的水域中，然后在那里用喙把鱼铲起来。

另一方面，褐鹈鹕是海鸟，尽管它们也非常好交际，并且集群筑巢和游荡，但它们并不合作捕食。相反，褐鹈鹕可以完美地跳水俯冲。它们可以发现水下的鱼，计算出俯冲的位置，并能纠正因光线折射造成的视觉偏差。俯冲时，它们把头缩回到肩膀之间，把腿向前伸，并且把翅膀在腕关节处弯起来。有趣的是，它们还会把身体向左旋转，这么做可能是为了在入水时保护气管和食管，这些重要器官都位于它们脖子的右侧。

当它们的喙扎入水中，褐鹈鹕就会把腿和翅膀向后转，以便喙

可以更快地够到水中的鱼。它们巨大的喉囊完全张开，可以装下多达2.5加仑（约9.5升）的水；巨大的水压会把它们的下喙压弯成弓形，但它为了适应这样的压力进化出专门的肌肉，以保护下喙不会折断。

褐鹈鹕流线型的上下颌骨可以帮助鱼顺利地落入口中，下颌骨弹回原位，这鸟的大嘴也就顺势闭上，把鱼困在喉囊中了。然后它慢慢地把头抬起来，用喉囊挤压胸部，把捕鱼时吞进嘴里的水挤出来，然后仰头将鱼吞下。如果这次俯冲没能捕到鱼，它就会张开嘴，快速抬起头，立刻让水排出来。它的动作一气呵成，把喉囊里

的水排空和吞下鱼一共只花费了不到20秒的时间。

Q 鸟类玩耍吗？

A 很多哺乳动物都有“玩耍”的行为，这其实是在提升运动和感觉技能的学习，以及无直接目的的社交。年轻的猫头鹰扑抓树叶；年轻的乌鸦和松鸦捡起、检视和藏匿各种各样闪亮的物体；年轻的海鸥和燕鸥在高空中抓取小物品再丢下，并在落地前又抓起来，然后再丢下、再抓起。所有这些活动都可能帮助年轻鸟儿们学会相应的技能和协调合作的能力，这些技能和能力都是它们今后捕猎和作为成年个体所必需的。

有些形式的玩耍被称为“自发游戏”，看起来特别像是小孩子们从陡峭山坡上坐雪橇滑下来这样的刺激性游戏。人们还观察到，有些鸭科鸟类滑过激流险滩，或者在河中的某段快速移动，然后当它们到达终点后就急匆匆地调头赶回到起点，如此这般一趟一趟往复运动。在空中，渡鸦和乌鸦经常借着气流飞到高空，然后向地面俯冲下来，之后再拉起身体向上滑翔，如此一遍遍重复。

渡鸦会排队轮流从一个雪堆上面用尾部滑下来，或者从一个山坡上一圈一圈滚下来。

后天习得 VS. 本能行为

我收到很多关于后天习得和本能行为的问题。“本能”，一般指与生俱来的、不需要学习就会的行为——鸟类在特定情况下做出这样的行为是不需要事先学习或尝试练习的。但是，很多本能行为模式可以通过学习加以改进。

例如，一只旅鸫一出壳就知道以下三件事。

▶如果有什么物体温柔地降落在巢里或靠近过来，就应该像玩具盒子里的小丑一样弹起来，同时把嘴张得大大地等着被喂食。

▶一吞下食物就往后一退，然后排便。

▶排便结束，就蹲回去，呆呆地保持不动，直到巢中的平静再一次被打断。

每次回巢，旅鸫亲鸟都会哺喂巢中第一个乞食的，脖子伸得最长的，或者把嘴伸得最近的雏鸟。成鸟回巢经常沿一两条飞行路线，一次次飞落在相同的位置，巢中的雏鸟通过成功乞食的经验很快就学会了应该把喙伸向哪里。它们通过学习改进了本能行为。

出壳后很多天，旅鸫雏鸟会向飞落巢中或遮盖住它们的物体乞食，包括人类或天敌。出壳5天后，它们的眼睛睁开了，这时它们开始注意到它们的父母和彼此。一旦它们认识了饲喂自己的亲鸟，其他物体再出现时它们就会蹲下来。到10或11天的时候，如果有什么物体向巢靠近，它们会慌张地飞走，尽管它们并不能飞远，但也不能再回到巢中。（这就是为什么旅鸫雏鸟一周左右大以后我们就不能再去窥探鸟巢的原因。）如果经过这场突如其来的慌张出逃之后仍存活了下来，它们的父母会继续喂养它们，并且还会试着把幼鸟带到茂密的植物下面隐蔽起来。

旅鸫不会对它们的父母或彼此产生“印记”。离巢1～2天之后，特别是因为一些原因匆忙离巢，如果没有亲鸟哺喂，幼鸟会因为饥饿而向其他鸟类甚至人类乞食。我曾经看到一只小旅鸫向我的金色猎犬乞食！当一只旅鸫可以很好地飞行之后，它就要跟随自己的父母，学习与其他旅鸫联系。在这之后，它就不会错认其他种类了。

旅鸫有一些尖利的警告叫声，包括猛禽从头顶上飞过时的一种高亢的seeee叫声，和危险降落地面时的peek和tut-tut叫声。幼鸟认识它们父母发出的声音以及与这些声音相配合的动作；有些行为是本能，而有些是它们注意到亲鸟行为后通过学习而改进的。

亲鸟双方都会对离巢的幼鸟保持关注。在雌鸟产下一巢新卵之后，雌鸟在巢中孵卵，雄鸟仍会陪在前一巢幼鸟身边。它每晚都会带着幼鸟飞到旅鸫的公共夜栖地。等到新一巢雏鸟出壳后雄鸟就会将注意力转移过来，那时前一巢幼鸟也可以独立生活了。

抓取和飞行

随着羽毛开始生长，小旅鸫用它们的喙和爪又啄又抓，虽然初期会很笨拙，但这是它们的本能。这些小鸟们很快就学会了什么动作最舒服、最有效，它们的技巧提高得很快。小鸟们本能地拍打翅膀，结合羽毛生长、肌肉发育以及不断学习，它们最初笨拙的努力变成了熟练的飞行。

繁殖更多的旅鸫

旅鸫常常被另外的组织松散的大群旅鸫吸引。集体行动更加安全，也容易发现新的食物资源，这要归功于鸟群中那许多的眼睛和耳朵，直到春季荷尔蒙水平升高所带来的领域行为和繁殖行为的出现，集体行动才会结束。领域行为和繁殖行为同样是出于本能，但同时也在每一个行为得到的反应和成效中不断改进。鸣唱的旅鸫会完善它的曲目，并增加有别于其巢区邻居的专门短语，尽管它们可能是在很远的地方长大。

失去幼鸟后，旅鸫亲鸟会搬到一个新的巢址重新筑巢繁殖；通常，原来的这对伴侣会分手。如果第一巢繁殖成功，则原配伴侣经常会在这个繁殖季中再繁殖第二巢，甚至第三巢。尽管旅鸫夫妇共同喂养幼鸟，但其实它们的关系并没有想象中那么浪漫。在一项研究中，将近72%的旅鸫繁殖巢存在“婚外交配”现象。在每一个有“婚外交配”现象的繁殖巢中，至少有一只小鸟由养父照料长大。根据这项研究，雌鸟可能会根据对雄鸟繁殖表现的评估来分配雄鸟的父权。雌性在产卵中的生殖投入十分巨大，分配给多个父亲才能对冲这巨大投入所面临的风险。

如果雄性配偶意外死亡，有时会有另外一只雄鸟接手育雏工作。在我家庭院，一只库氏鹰捕食了在我家树篱中营巢繁殖的雄性旅鸫。雌鸟第二天就接受了另外一只雄鸟的帮助，共同喂养雏鸟。我很想知道这只雄鸟会不会就是巢中某一只或更多雏鸟的亲生父亲，但显然它并不会让我进行亲子鉴定。

物种特异性

Q 我对红头美洲鹫很好奇，它们就住在离我家仅一个街区的那些高大松树上面，那附近有一个墓地——那条路上甚至还有一个路牌，写着“此路不通”！我从未考虑过美洲鹫的社会性方面的问题：它们的交配和筑巢习性是什么？

A 红头美洲鹫通常独自觅食。它们分头行动，每个个体都用嗅觉搜寻尸体，当其中一只最终有了发现，其他个体就会注意到它降落了下来，于是也会飞过去加入其中。到了晚上，美洲鹫就会回到公共栖息地聚在一起，群体规模从几只到几千只。壮观的夜晚飞行仿佛在“广而告之”它们的栖息地。

在威斯康星州的一项研究中，研究人员对标记过的红头美洲鹫持续追踪了15年，发现它们通常结成终身伴侣，但如果其中一方死亡，另一方也会寻找新的伴侣。尽管它们整个筑巢、孵卵、育雏期间都在一起紧密合作，但并没有证据表明，伴侣会一起迁徙和越冬。

红头美洲鹫在悬崖峭壁上筑巢，也会在倒木、探出头的岩石下面的空洞、洞穴，或者废弃建筑物，以及其他远离人类的地方筑巢。它们一巢（通常）只产2枚卵，因此筑巢并不需要太多的建造材料。亲鸟双方都具有孵卵斑，即其下腹部的一块裸露的皮肤，孵卵时用以贴在卵上。两只鸟轮流孵卵，孵卵期大约1个月（经常会长达40天左右）。

美洲鹫的亲鸟同样用自己吃下去的腐肉来饲喂它们毛茸茸的白

像坟墓一样寂静

红头美洲鹫的鸣管和鸣肌退化了，因此它们基本上都是沉默的。当它们在巢中被打扰，或者在争夺尸体的同一部位时，它们会发出嘶嘶的喉音。美洲鹫的雏鸟在还没睁开眼睛、头也抬不起来的时候，会发出一种特殊的几乎听不到的嘶嘶音。当它们长到一周左右大，受到干扰时会发出一种独特的雏鸟嘶嘶声。对这个声音有各种描述，如持续性的喘息声，低沉、嘶哑的嚎叫声，响尾蛇的声音，或者咆哮的风声。音量和音质取决于多种因素，如雏鸟的日龄、嘶嘶声的强度、观察者的距离，以及巢区的声学品质。巢中的两只雏鸟通常会同时发出声音。如果被干扰，雏鸟们还会跺脚和大力拍打翅膀发声。

色雏鸟，不过只以反刍的方式喂食。雏鸟在出壳后60～80天会进行第一次飞行。幼鸟离巢后亲鸟就很少或不再喂养它们了，但是兄弟姐妹之间仍会在一起生活一段时间。它们会进入公共栖居地，跟随其他个体定位食物，因为它们需要练习探索这个世界，不过大多数时候，它们要靠自己生活。

科学家们仍在尝试梳理红头美洲鹫的分类关系，考虑应将其归于鹰类还是鹳类。根据传统观点，美洲鹫应被归于鹰类，这基于很多特点和它们的食肉需要。但是在20世纪90年代，由于与鹳类具有

很多相似的特征，如秃头、穿孔鼻孔和一种在腿上撒尿来冷却的奇怪习惯，美洲鹫被归入鹳形目中。之后多亏DNA再分析，它们才又被划分回鹰形目。

不管在分类学上把它们归到哪里，把鹳和鹫放到一起来比较它们的相似之处本身就很有意思——前者象征新生，后者代表死亡。另外一个引起研究人员兴趣的现象是，秃鹫、乌鸦和渡鸦这些食腐性鸟类似乎都避免取食其他大型黑色鸟类的尸体。

Q 我经常看到雪松太平鸟和（或）旅鸫在晚冬季节落在我的海棠树上，但是有一次来了两对松雀。它们在那里停留了大约20分钟，取食海棠果，在庭院冰冷的水坑中洗澡。它们通常的栖息地是哪里？我还能在这里（马萨诸塞州西部）再看到它们吗？

A 松雀、白腰朱顶雀、金翅雀、黄雀、紫朱雀、家朱雀、交嘴雀和黄昏锡嘴雀，同隶属于燕雀科朱雀属。它们在亚寒带森林和针叶林中繁殖，遍布亚洲、欧洲，以及北美洲东起加拿大西至阿拉斯加的广大区域。它们还在西部山区的针叶林中，以及阿拉斯加和英属哥伦比亚地区的滨海和岛屿雨林中繁殖。和其他分布在北方的雀科小鸟一样，松雀的迁徙路径也是很难预测的。但是和其他冬季候鸟相比，它们的迁徙路径向西向南都更近一些。

松雀不是被旅鸫和太平鸟吸引过来的，而是因为花楸和海棠才来拜访你家庭院的，因此在冬季你经常能看到它们光临你的庭院。

雄性和雌性松雀在繁殖季节中的领域性非常强——雌鸟和雄鸟都会在繁殖季节将领地内的其他同性个体驱赶出去。但是幼鸟长出羽毛之后，松雀就又回到集群中生活了。冬季群体中可能混有它们自己的家族成员。就像我注意到的那样，它们偶尔从南方飞来，但是不可预测。因此，当它们从南方飞来在马萨诸塞州现身时，实在是难得的观赏机会。

神奇的时刻

我看到的第一只松雀是一只落单了的年轻雄性个体。隔着不止一个街区就已经听到了它的叫声，我一边循着声音的方向走过去，一边尽可能地模仿松雀的声音来回应它。很快，我就发现它站在一棵树的顶上，正在看着我。我不知道是哪里来的冲动，让我在冰封的2月天摘下手套向它伸出手，它竟然轻轻落在了我的手指上！它注视着我，轻声歌唱，我也吹着口哨回应它，最后它唱了一声便飞回树上了。

这是我生命中最激动的时刻之一。但这也一定是这只松雀一生中最失望的时刻之一。我想我回应它的口哨声一定给了它希望，它以为找到了另外一群松雀，结果却只找到了一个笨笨的、不会飞的人。

Q 为什么棕榈鬼鸮这么小?

A 鸟类的体型是由多种因素综合决定的。乌林鸮是体型最大的鸮类之一，它专门捕食非常小的啮齿类动物，和棕榈鬼鸮的捕食对象体型一样大。乌林鸮用它那对大耳朵捕捉藏在厚厚的雪层或禾草下面的草原田鼠的声音；它们飞插进去抓住田鼠，然后再用它们巨大的翅膀把身体拉起来。对于如此巨大的体型来说，它必须捕捉很多老鼠才能满足生存需要。

棕榈鬼鸮的体型太小了，以至于不能在雪厚或草深的地方捕猎，因此它们生活在森林中雪层不那么厚的地方，特别是树干周围。所以，尽管它们捕到的老鼠没法和乌林鸮捕到的一样多，但对于它们这么小的体型来说，找到的食物足够了。

这么小的体型让它们在飞行中非常灵活，还能让它们在夏季捕

鸟类的羽毛可以隔热，使它们不会过热或者过冷，但是这也同样阻止了孵卵期鸟类对卵的热量传递。因此在产卵的同时，大多数雌鸟和一部分种类的雄鸟，它们的腹部羽毛就会开始脱落。亲鸟把腹部的一些羽毛啄下来，通常就地铺垫在鸟巢内部，这样它们就能将温暖的腹部皮肤直接贴在卵上给卵保温了。

捉大型昆虫来获得大量必需的营养物质。此外，棕榈鬼鸮的体型小到能够利用啄木鸟的洞穴作为庇护所，这是乌林鸮绝对做不到的！

Q 我住在离海岸150英里（约241.4千米）的地方。为什么当地一家购物中心的停车场上空总有海鸥盘旋？我总能看到它们。

A “海鸥”这个词严格说来只适用于乔纳森·利文斯顿（Jonathan Livingston）[①]或是正巧在海洋上空的一只鸥，但是也经常被用来泛指鸥类。有很多种类的鸥都会在内陆生活。这些经常光顾快餐店和购物中心停车场的是环嘴鸥。它们以鼻涕虫、蠕虫和草坪中其他的无脊椎动物为食，既清除垃圾，也向人类“揩油”。我看到过环嘴鸥一大早就在空中抓捕林莺，这些可怜的小鸟刚刚经历了一夜的迁徙飞行筋疲力尽。环嘴鸥还捕鱼为食。它们的嘴特别宽，喉咙和食道也可以张开吞下一整条小鱼。

① 译者注：来自理查德·巴赫（Richard Bach）于1970年出版的一本书——《海鸥乔纳森》（*Johathan Livingston Sengull*）。

第六章

雨中曲：鸟类的声音

一个寒冷的冬季清晨，我徒步穿越树林，连风都沉默无声，能穿透我最暖和的毛皮帽子的，是一只主红雀丰富多变的歌声，或是另一只山雀简单可爱的歌声——嘿，亲爱的！到了春季，鸟鸣在黎明前爆发，清晨的大合唱中有太多种歌声，以至于很难再区分主红雀和山雀的歌声。但是，它们确实在那里。这些优美的声音填满了春季的空气，使得整个世界都充满活力和快乐！

鸟类是如何发出这么复杂的声音的？它们为什么歌唱？我们又是如何学习辨识它们的声音的？这些都是人们发给我的问题。

制造美妙的音乐

Q **在一次徒步观鸟活动中，我们的领队指出一只棕林鸫的鸣唱。那真像是大规模的美妙歌声！一只小鸟怎么能制造出如此惊人的声音？**

A 鸟类用它们的鸣管来发声，鸣管有两个分支和两组肌肉，可以靠自己发出和声。画眉科鸟鸣管上有非常复杂的鸣肌，每个鸣管分支都可以独立制造出复杂到惊人程度的音调。

这些形态描述也许可以初步解释单个音调是怎么发出的，但是怎样才能解释这些声音为何如此纯美？雄性棕林鸫在鸣唱时也和我们聆听时一样快乐、享受其中吗？雌性棕林鸫选择伴侣仅仅是因为

一个枯燥的分析吗？比如一只雄鸟的鸣唱中有多少种不同的音调。还是因为那美妙的歌声使它陶醉得屏住了呼吸？科学可以给我们很多种答案，但可能事实上它们只是“心有灵犀”。

Q 我住在明尼苏达州北部的树林中，在5月和6月我经常被小木屋附近一只鹪鹩的歌声唤醒。它的体型那么小，怎么能如此快速地发出这么多的声音呢？

A 和其他鸟儿美妙的歌声一样，我们对鹪鹩歌声的体验超过对其发声机制的理解。1884年，牧师兰吉尔（J. H. Langille）描述了聆听鹪鹩鸣唱时的感受：“我站在那里听得着迷，震惊于从它那小小身体中涌出的旋律居然集合了最狂野的喜悦和最温柔的悲伤，而这引发了我灵魂的共鸣。”

换算成每单位体重的声功率，鹪鹩的鸣唱是金鸡报晓的10倍；东部种群的个体每秒可以唱出16个音符，而令人印象深刻的是，西部种群中鹪鹩的声功率水平不仅超过东部种群的个体，而且超过一倍还多，每分钟发出36个音节！

鹪鹩那快速的心跳、呼吸和代谢并不能解释它的鸣声输出，因为比它体型更大或更小的鸟都不符合这样的特点！但是更让人惊讶的是，这种小鸟不仅可以发出这样的声音，而且能够将曲目中的一小部分重演出来，这样它们的耳朵和大脑就能够实时处理单个音节，而我们人类需要将歌曲慢速回放才能做到。

Q 为什么鸟类的叫声如此多种多样？比如主红雀和哀鸽的叫声就特别不一样。是它们身体的结构造成这些差别的吗？

A 是的。鸟类的体长、气管和支气管的长度会影响声音的质量和频率，而且鸟类发声的鸣管比我们人类的喉部结构要复杂得多。尽管我们的喉部是一个简单的发声器官，仅由气管上附着的肌肉控制声音的变化，人类的嗓音仍然非常多样化，大多数人可以识别出几十个甚至几百个不同人的声音。

鸣管位于气管到支气管的分支处，在这个复杂框架上面附着的肌肉，其在不同种类的鸟中有很大区别。如果说一群人一起唱歌是在合唱，那么一群鸟一起鸣唱就好像一个交响乐团在演奏。

给曲调命名

描述鸟类的声音很复杂。比如，我有一次收到这样一个问题：“哪种鸟一般在早晨最早开始鸣唱，并持续一整天？我差不多全年都能听到，除了冬季以外。”

旅鸫通常是最早一批加入清晨大合唱的种类，所以我发给他一个网页，请他对比网页上的旅鸫鸣唱录音，如果不是同一种鸟的声音，请具体描述有什么不同。他很快给我回信：“这种鸟的鸣声是两个声音抑扬顿挫——一声短鸣，之后跟着一声大约持续2秒的长鸣。我一般是在水边或沼泽湿地旁边听到这种鸟的叫声。”我仍然不知道这种鸟的音质，所以我又发过去一个链接，问他这种嗡嗡的声音是不是和链接里面稀树草鹀的叫声一样。他回复说，“不，它的叫声更有旋律——一个长音好像在说hel-lowwwwwwwwwwwwww。”

我突然想到了答案，那是白喉带鹀的叫声。于是我发给他一个声音链接，他欣喜若狂。侦探工作永远都是值得的。

科学家用声谱图或语图来描述鸟类的鸣声——一种表现声调频率和持续时间的曲线图。不过需要一些训练和实践才能解读它们。

人们经常发邮件给我听录音，而不是用语言描述鸣声。这其实并不需要一个多么昂贵的麦克风——很多录音都是用一个数码相机指向一只正在鸣唱的小鸟，用视频功能录下来的。不管我们能不能看到那只鸟，我们都能听到它的叫声！

Q **我妻子和我今年1月份搬到了达拉斯。随着天气变暖，我们常常在黄昏和黎明听到一种高亢的twirp声。这声音听起来像是来自某种燕子，而且我认为这种鸟以昆虫为食，虽然我不知道它们是怎么在黑暗中看清昆虫的。我不认为它是蝙蝠，因为实在是太多了。我怎么能弄清楚这是什么鸟呢？**

A 用别人能“听到”的方式描述声音是非常困难的事情。但是我敢打赌你描述的那种鸟是美洲夜鹰或烟囱雨燕。夜鹰在暮光中捕捉昆虫时会发出一种滑稽的哔哔声或peent声。烟囱雨燕同样可以在光线不足的条件下捕食，我们容易听到它们的声音是因为它们正在集结成大群返回栖息地。在看不清的情况下如何辨别这是哪一种呢？访问www.allaboutbirds.org网站，输入任何一种北美鸟类的名字你就能听到它们的鸣声录音了。

一只鸟能发出多少种不同的鸣唱取决于它的种类和个体差异。棕顶雀鹀只是一遍一遍地重复一种简单的歌声。主红雀的歌声有8至10种，旅鸫的歌声有70种，而小嘲鸫的歌声有200种之多。然而褐弯嘴嘲鸫才是纪录的保持者，《雷普利——信不信由你》（*Ripley's Believe it or Not!*）一书中提到，它们的歌唱曲目达到了惊人的2000首。

演唱的女性们

回到20世纪70年代，我读鸟类学课程的时候，我们学到的常识是雄鸟鸣唱而雌鸟只是聆听。这看起来显而易见：雄鸟有华丽的羽衣和捍卫领土的职责，而雌鸟负责孵卵，通常需要尽可能不显眼才好。而且我们庭院中最熟悉的鸟鸣声，从嘲鸫到棕顶雀鹀，大多数都是雄鸟发出的。

但是很多热带鸟类是雌鸟鸣唱，而且几种北部鸟类也是如此，包括主红雀、黑头白斑翅雀、玫胸白斑翅雀和白喉带鹀在内。科学家们仍在梳理为什么有些种类的雌鸟鸣唱而其他种类的雌鸟不鸣唱——当然，这已经是另外一个话题了。我们了解得越多，提出的问题就越多。

雌性白喉带鹀有一个非常有趣且不同寻常的鸣唱模式。这种鸟有两种色型——一种头部有白色条纹而另一种头部有褐色条纹。这是一种遗传差异，和人类眼睛颜色背后的遗传因素一样。不管什么性别的白喉带鹀都能获得任一种颜色的头部条纹。

具有白色头部条纹的白喉带鹀，不管雌雄，都比有褐色头部条纹的个体攻击性更强。前者的雌性个体会鸣唱，而后者的雌性个体却不鸣唱。在实验室的实验中，将白喉带鹀个体之间用玻璃隔开，但是异性之间可以通过玻璃相互看到。实验发现，两种色型的雌性个体都更偏爱有褐色条纹的雄性，但是攻击性更强的有白色条纹的雌性在争夺有褐色条纹的雄性伴侣时通常能胜出。这个实验表明雄性个体偏爱有白色条纹的雌性个体，但是当有白色条纹的雌性个体开始鸣唱时，攻击性更强的有白色条纹的雄性个体却会攻击它。实际上，所有白喉带鹀的繁殖对都是由两种不同色型的雌雄个体组成的。

鸟儿们到底在唱些什么呢？

Q **我窗外的主红雀整个早晨都在鸣唱。为什么它要花这么多的时间唱歌？**

A 它鸣唱是为了吸引配偶，并向其他雄性个体宣告自己的领地。有些鸟每天要唱几万首曲目。保卫领地需要时刻保持警惕。

如果你仔细聆听，当临近领地的鸟儿们鸣唱着互相回应时，你也许能听到“对唱”。长嘴沼泽鷦鹩在对唱时，相邻领地的个体会互相配合选择相同类型的歌曲鸣唱，或者选择完全不同的曲目，再或者预测对方下一首曲目后抢先唱出来。所有这些选择都能够让雄鸟在决定是否要打一架之前交流各自的意图。根据周围邻居们的鸣唱，它们可以选择直接威胁某一个邻居，也可以选择退出挑战。

除了争吵之外，鸟类还会用它们能够演唱的全部曲目来打动潜在的伴侣。掌握了更大曲目库的雄性歌带鹀比曲目库较小的个体具有更长的寿命。这可能是因为更强壮的和更好地保卫了领地的雄性个体能够学到更多的曲目。

在同一个繁殖季中，较早孵化出的雄性比氏苇鹪鹩要比较晚出壳的在冬季到来之前有更多时间学习鸣唱的曲目；学会了更多歌曲充实自己曲目库的雄性个体，能够更成功地保卫最好的领地。这些种类的雌鸟更倾向于选择掌握了最多曲目的雄性个体作为配偶，这种简单的择偶方式能使它辨别哪个雄性身体强壮且经验丰富，从而最有可能帮助它成功地养育健康后代。

Q **我儿子说他最近非常疲惫，因为小鸟们总是在拂晓时分把他吵醒。这是我的错觉吗？又或者鸟类的鸣唱在黎明时确实特别响亮？**

A 确实是这样。一天当中在黎明时鸣唱的鸟比晚些时候鸣唱的鸟更多，它们鸣唱时精力更加充沛，鸣唱曲目更加多样化。在春季和初夏，这个“黎明大合唱”实际上是在拂晓前一小时左右开始的。这个合唱经常是由旅鸫的歌声开场，它们此时的鸣唱比日间的更加快速、兴奋。随后棕顶雀鹀以加快的节奏鸣唱它的曲目，其他鸟儿也都用超常的精神状态鸣唱。随着越来越多的鸟儿加入，合唱的声音逐渐加强。在这个大合唱的高潮，加入的鸟鸣声太丰富，以至于我们人类的耳朵已经很难从其中分辨出都有哪些个体的声音了。

鸟类学家们仍在争论，为什么鸟类会如此精力旺盛地加入黎明大合唱之中。仅仅是因为鸟儿们在一夜好眠之后积聚了巨大能量？

在昏暗的光线下，领域竞争者和未来的伴侣无事可做只能聆听，因此黎明时分就真的是最好的鸣唱时机吗？清晨是向经过一夜迁徙刚刚到达的竞争对手和潜在伴侣声明领地的最好时间吗？这种特殊的黎明大合唱在温带地区也很普遍，在那些地区，鸟类的繁殖季节被压缩得只有短短的几周时间。

不管是什么原因，我们大多数人都理所当然地认为黎明大合唱是每日事件中真正壮观的事件之一。如果鸟类在清晨吵醒了你，试一试走到室外去聆听它们的歌声，或者干脆在拂晓之前起床，到你家附近的自然环境中去，在那里你会体验到一场更加令人难忘的表演。

不仅仅是旋律

Q **我听到过嘲鸫鸣唱本属于其他鸟的曲目。这中间到底发生了什么？为什么它们要模仿那么多其他鸟的声音？**

A 有些鸟在它们出生的第一年就学习自己本种的鸣唱曲目，而包括嘲鸫在内的其他种类会在长成之后持续为自己的曲目库添加新的曲目。小嘲鸫能够掌握200首曲目，并且常常模仿其周围环境中的声音，包括其他鸟的声音、汽车警报声和吱嘎作响的门轴声。一种理论认为，如果雌性个体择偶时倾向于选择鸣唱曲目更多的雄性个体，那么雄性个体可以通过将环境中的声音快速添加到自己的曲目库中的方式从竞争对手中脱颖而出。拥有多样化的曲目库意味着它是一个更成熟的雄性个体，长寿且生存技能丰富——这些优良特质可以传递给下一代。更成熟的雄性个体也会具有更丰富的经验来养育后代，或者能够获得更好的资源。

根据一项在得克萨斯州爱德华兹高原上开展的研究，拥有最大曲目库的嘲鸫也占领了资源最为丰富的领地，该领地有大量的昆虫、野生葡萄和柿子等食物资源。一项2009年的研究发现，生活在多变或恶劣气候地区的嘲鸫类群会比生活在温和气候地区的嘲鸫类群收录更多的模拟声音到自己的曲目库中。在气候更恶劣的地区，雌性个体对于雄性配偶的选择也会更加严格和挑剔。

一些研究人员提出，嘲鸫可能会用其他种鸟的歌声来警告它们远离自己的领地，但这一猜测一直没有得到深入的讨论。当然了，一只嘲鸫的歌声显然无法将一只手机“引”至其他领地，尽管它们可以很好地模拟手机的铃声！

至少有四届美国总统将嘲鸫作为宠物养在白宫：托马斯·杰斐逊（Thomas Jefferson）、卢瑟福·B. 海耶斯（Rutherford B. Hayes）、格罗弗·克利夫兰（Grover Cleveland），以及卡尔文·柯立芝（Calvin Coolidge）。

更多的模仿

小嘲鸫是北美洲最著名的模仿高手，但是与它同属的八哥也同样以自身的模仿能力而著名。莫扎特曾养了一只八哥，能模仿曲调并做出变化。其他大陆上也有一些著名的模仿鸟类，如澳洲的琴鸟和南美洲的罗氏鸫。

雄性湿地苇莺在非洲的越冬地学习其他种类的叫声。也许这些声音的变化在它们回到欧洲繁殖时能够打动潜在的配偶。非洲的维达雀也会模仿，但因为完全不同的原因，维达雀产卵到其他种类的巢中寄养繁殖。例如，靛蓝维达雀将卵产在红嘴火雀的巢中。小维达雀出壳后学习红嘴火雀幼鸟的乞食叫声，这样就不会被认出是入侵者。雄性维达雀幼鸟还会模仿它们寄主的叫声。

雌性厚嘴歌雀是新热带区的鸟类，它们会在自己的巢受到威胁时模仿其他种类的警戒叫声。这些声音可以吸引其他种类的注意，来帮助它们应对捕食者的攻击或者其他感知到的威胁。

有些鸟并不是通常认为的模仿种类，但是有时也会模仿其他种类的声音。例如，冠蓝鸦模仿红尾鵟、赤肩鵟和巨翅鵟的

叫声。这种模仿的机制还不清楚，但有时鸦科鸟只是在飞向喂食器之前模仿捕食者的叫声，当它这样做时，在喂食器旁取食的其他小鸟就会散开。

一些观察者注意到，当鸦科鸟模仿猛禽的叫声时，孵卵的亲鸟常常会从巢中受惊飞出来，这样的模仿就能帮助它们发现哪里有繁殖期的鸟巢。在鸦科鸟类的繁殖期，蛋白质的摄入对幼鸟非常关键，鸦科鸟会在这期间突袭其他的鸟巢，并吞食鸟卵和雏鸟。

在某些情况下，模仿行为是由于歌曲学习过程的走样造成的，如有记录说明栗肩雀鹀和莺鷦鹩鸣唱的歌声与比氏苇鷦鹩的一样，而一只靛彩鹀和一只黄喉地莺却发出了与栗胁林莺一样的鸣声。这种偶然的模仿行为似乎大量发生在未配对个体上，因此我们可以这样推断：学习了错误歌曲的雄性个体常常不能成功传递自己的基因给下一代。自然选择对学错曲目个体的淘汰可能会非常直接，这样才能保证“错误”不会延续。

Q **我去热带观鸟时，向导让我们仔细听鸟的叫声，他说那是一对雌雄鷦鷯在二重唱。我们庭院中的鸟也会二重唱吗？**

A 非常有趣，二重唱的行为在热带地区繁殖的鸟中比在温带繁殖的鸟中更常见、更复杂，也更协调。比如，一只雌性红翅黑鹂会在配偶上一曲“oakalee”的后半部分加入进来，发出一串响亮的声音。相反，一些热带种类所演唱的二重唱高度协调，除非它们相距甚远，否则对于听者来说，很难意识到不止一只鸟儿在歌唱。其他二重唱的热带种类还有某些鹦鹉、啄木鸟、蚁鸟、鹟鸟、伯劳和鷦鷯。

定居在热带地区的鸟更有可能维持一种长久的一夫一妻式配偶关系，并且全年生活在自己的领地之中。这可以提供更多的机会来发展复杂的二重唱，配偶之间的二重唱又会进一步加强它们的关系，并且有助于联合守卫领地。

Q **我经常听到歌带鹀在我的房子后面唱出优美的旋律，但是我也听到过一点儿都不像歌曲的短小的啁啾声，令我很吃惊。这是还没学会如何鸣唱的幼鸟发出的声音吗？**

A 不一定。你听到的是一种通信叫声，鸟类用来分辨不同的个体，好像在说：“嘿，我在这里。”不论雄性、雌性，成鸟还是幼鸟，在全年当中都可能使用这样的叫声。然而，通常只有雄性歌带鹀会发出复杂的鸣唱旋律。它们只在繁殖季节中这样鸣唱，来向雌性个体炫耀自己，并警告误入领地的其他雄性个体远离这片区域。在极少的案例中，雌性歌带鹀也会鸣唱，但是它们的歌声一般会比雄性的歌声简单很多。

鹀类之间还会用各种不同的声音相互通信。比如，歌带鹀会在猛禽从头顶飞过时发出高音警报，鸟类学家描述为“tik”；而在人类靠近鸟巢或雏鸟时发出低沉的呼叫，鸟类学家描述为“tchunk”。雌鸟会在筑巢期间向配偶发出刺耳的叽叽喳喳的声音，而在交配后发出一串鼻颤音。雌雄个体都会以“咆哮”作为威胁。在夜间迁徙时，歌带鹀还会发出“tseep”的高音叫声，可能是为了在黑暗的天空中提醒附近的小鸟注意到自己的方位。

配对的两只金翅雀会发出几乎相同的飞行呼叫，金翅雀也许能根据这些叫声区分不同繁殖对的个体。

在飞行中歌唱

有些鸟，特别是那些生活在广阔草原或苔原、缺少显眼的高处栖枝地区的种类，它们在飞行中鸣唱。这样它们的声音可以传得更远，并同时提供视觉和听觉上的展示。

至少有一种生活在北美洲东部森林中的林莺——橙顶灶莺，也在飞行中鸣唱，一般在拂晓、黄昏或夜间。从地面到中冠层甚至顶冠层，它可以从任何地方开始鸣唱，并且突然吃力地起飞，盘旋时展开翅膀和尾羽同时继续鸣唱。橙顶灶莺的这种炫耀行为有一个绰号，被称为“迷幻飞行”。这个飞行歌曲和大多数日间普通的“tea-CHER, tea-CHER, tea-CHER”声有点不同。这种歌声的功能还不清楚。

很多雄性蜂鸟都有特定飞行模式的空中表演，通常是伴随着翅膀嗡嗡声的深“U”形飞行。雄性美洲夜鹰的炫耀表演是飞向地面并突然发出一声巨响，这声巨响是在它俯冲过程中突然向下弯曲翅膀时空气快速通过它初级飞羽而发出的。

在春季，雄性小丘鹬会参加傍晚时分上演的“空中之舞”。几只雄性个体聚集在日间栖息的树林旁边的一片开阔区域，当光线变得昏暗，它们从地面开始制造一种嗡嗡的“peent”声。然后，其中的一只起飞，在它盘旋飞向天空时翅膀发出一种悦耳的叽叽喳喳声。而后它又突然发出一种活泼的声音，并降落到地面再重新开始，雌性会被这种表演吸引。

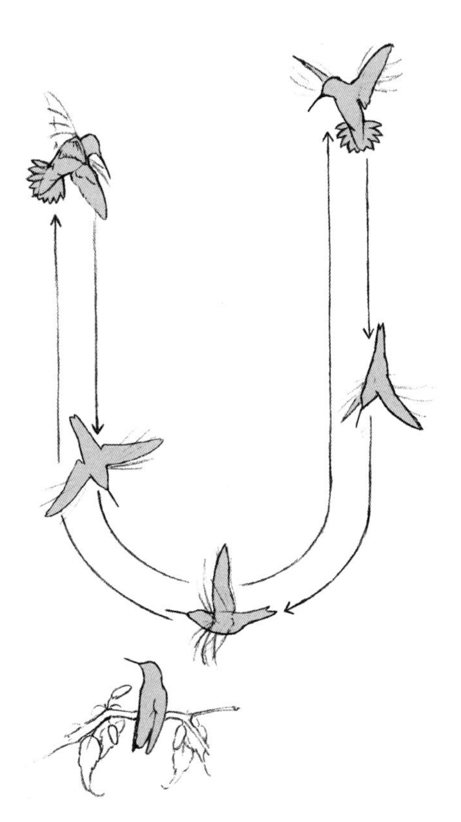

Q 去年春季，我听到过树上的小鸟发出一阵巨大的吵闹声。当我凑近查看时，我看到它们围着一只鸮拍打翅膀。为什么它们要制造这么大的噪音？难道它们不应该保持安静并远离捕食者吗？

A 你听到的声音是小鸟们注意到那只鸮之后发出的警告叫声。很多鸣禽不仅能够识别本种个体的警戒叫声，还能识别出很多其他种类的警戒声。它们可以结成一群，在俯冲轰炸一只鸮、蛇、猫或者其他捕食者时发出刺耳的责骂声。一旦齐心协力，它们可以赶走捕食者，或者至少扰乱或持续骚扰对方，使得捕食者无法发现附近的鸟巢或幼鸟，以及它们的夜栖地。

Q 有一次我在树林中徒步，听到一阵柔和低沉的“怦怦”声，而且越来越快。我看不到是什么发出的声音，但是一个朋友告诉我那是披肩榛鸡的叫声。真的吗？

A 是的，雄性披肩榛鸡能发出一种独特的鼓声，开始时很慢，然后越来越快，逐渐加速成“怦怦”声。因为它们这样做的时候经常是站在一段木头上，人们就以为是它们用翼尖拍打木头发出的这个声音——或者以为它们也会像人猿泰山一样，用翅膀捶打自己的胸部，发出了这样的声音。

但是在1932年，亚瑟·艾伦（Arthur Allen）躲在一只披肩榛鸡正在“打鼓”的木桩旁边，用慢速摄影的方式捕捉到了这只披肩榛鸡的镜头，向人们展示了它是如何“打鼓”的。只见它横站在木桩上，用尾羽支撑身体，张开翅膀向前向上用力挥动，力量大到在它的翅膀和胸部之间压缩了一“包”空气，这个过程并不需要它的翅膀与胸部或木桩接触就可以产生声波。这个声音很低，大约40赫兹，在人类听觉阈值的低频端，这也就解释了为什么有些人说他们即便没有听到这个声音，也会“感觉”到它。

在春季，雄性披肩榛鸡用这种“打鼓”的方式宣告它们的领域，并向雌性炫耀它们自己。尽管“打鼓”的高峰集中在4月或5月，但它们也可能在一年中的任意时间“打鼓”。在秋季，你经常可以听到年轻的松鸡可怜兮兮地尝试“打鼓”。在它熟练掌握如何恰当地制造“空气包”之前都只能发出简单沉闷的拍打声，但是和很多技能一样，它只需要多加练习就一定可以熟能生巧。

如果难以想象单单用翼窝压缩空气就能制造出这样的声音，不要忘了我们人类用腋窝压缩空气也能够发出声音来。而在披肩榛鸡和人类之间一个显著的不同是，雌性披肩榛鸡觉得它的配偶发出的这种“怦怦”声十分迷人。

Q **我在上班的路上看到一件最奇怪的事情。一只啄木鸟飞到一块“停止”标志牌上，并用它的喙猛啄这个标志。它为什么要这样做？**

A 啄木鸟经常击打树干来宣告领地或吸引配偶，但是你看到的那只啄木鸟会利用金属标志牌制造更大的声音来传递信号。啄木鸟敲击的声音传得越远，它能守卫的领地范围也就越大。不同种的啄木鸟敲击的节奏不同。例如，黄腹吸汁啄木鸟先是发出一串连续的敲打声，然后暂停，之后是几下慢打。通常一只鸟敲击完毕之后，另一只再敲击回应。

北美黑啄木鸟敲击的频率很快，大约每秒击打15下，接近结尾时还会更快。它们还会用其他的节奏交流通信，比如用双击表示附近有合适的巢址，或者当外面的伴侣飞回来替换巢里的伴侣时，留在巢里的那只会发出一连串的击打声。

Q **想要学习识别不同鸟类的鸣唱，什么方式最好？**

A 最好的方式就是追踪你听到的每一种自然状态下的声音，找到发声的那只动物。在我刚开始学习的时候，有一次我花了3个晚上试图去追踪一种美妙的口哨声，我一直认定它是一种鸟的叫声，直到最终我找到这口哨声的源头是一只1英寸（约2.5厘米）长的树蛙，一种分布于北美洲的春雨蛙！

当你上上下下搜寻了10分钟试图找出那个特别的歌手时，你一定在不知不觉中记住了那个声音，不管它是不是鸟。随着对每一个歌手的追踪，你还会一点一点地收获其他线索，关于声音、栖息地、一天中的时间、一年中的时间，以及专家们用耳朵辨别鸟类时用到的其他因素。

你可以利用互联网收听语言导览或鸟鸣录音，以帮助你辨别你所在地区或其他观鸟胜地的鸟类鸣声。一次听熟几种鸟鸣，然后再去听另外几种，这种方式通常更有效。你还可以观看配有视频画面的鸟类鸣声，以帮助你在鸟种和它的歌声之间建立联系。

不管听的是录音还是在自然环境中的鸟类声音，你都可以用一些记忆方法来帮你记住这些声音。不妨举几个例子：黑顶山雀的音符（山雀-迪-迪，chickadee-dee-dee），卡罗苇鹪鹩的歌声（嘀呵嗒，teakettle teakettle teakettle），横斑林鸮的叫声（Who cooks for you? Who cooks for you-all?）。

很多歌声并没有一致的节奏模式，但很容易通过音质识别出来。乌鸦"caw-caw"地叫，而渡鸦"croak-croak"地叫。玫胸白斑翅雀和黑头白斑翅雀的歌声有点类似旅鸫的歌声，但白斑翅雀要比旅鸫拥有更丰富的音调。我把这种差别形容为歌剧歌手贝弗利·希尔斯（Beverly Sills）和电影歌手朱莉·安德鲁斯（Julie Andrews）的区别。

很多鸟在鸣唱时使用断断续续的颤音。当你熟悉了棕顶雀鹀的歌声后，就可以

借以对比类似的颤音，如：更短一些的（暗眼灯草鹀）、更慢一些的（沼泽带鹀）、更悦耳的（松莺）和更呆板的（食虫莺）颤音等。回听这些野鸟的鸟鸣录音能帮助你识别这些细微的差别。

Q 鸟类是如何学会这些歌声的？

A 对于这个问题，有多少种鸟几乎就有多少种答案！一些科学家们毕生都贡献于对这个问题的研究。

一些鸟的歌声与生俱来储存在它们的大脑中。几乎所有的鹟科，包括王霸鹟和菲比霸鹟都属于这类。如果灰胸长尾霸鹟在圈养的条件下长大，并从没接触过自己同类的歌声，它们仍然会鸣唱出普通灰胸长尾霸鹟的曲目。

长嘴沼泽鷦鷯能够模仿它们听到的其他歌声元素。如果一枚长嘴沼泽鷦鷯的卵被莺鷦鷯孵化并喂养长大，它的歌声会变得无法识别。如果暴露在训练录音的环境中，圈养的长嘴沼泽鷦鷯会模仿其他一些种类鸣唱曲目中的元素。野生雄性会加入邻居们的“对唱互配”，所以它们成年后仍然会持续学习其他的曲目元素。

短嘴沼泽鷦鷯那独特的鸣唱曲目看起来像是即兴编排的。旅鸫与邻居们共用一些口哨声，显然它们互相学习过曲目元素。橙腹拟鹂在出生后的第一个夏季从它们的父亲和本种的邻居那里学习鸣唱的曲目。我们可以分辨出1岁幼鸟和年长雄鸟之间鸣唱的差别，所以推测橙腹拟鹂至少在2岁之前都在矫正自己的曲目。

隐夜鸫有美妙的歌声，关于它们是如何习得的却几乎还没有什么研究。棕林鸫的歌声包括3个部分，中间部分显然是通过聆听其他棕林鸫的鸣唱而学来的，开始和结尾两部分可能是与生俱来的，或者是它们自己编造出来的。如果棕林鸫被人工饲养长大并从未接触过本种其他个体的鸣唱，它中间部分的歌声就会含混不清。如果在它们一岁之后将它们置身于野外“导师”之中，它们鸣唱的中间部分也不会有所提高。我们由此推测，在它们出生后的第一年中一定有一个学习鸣唱的关键时期。如果将人工饲养的棕林鸫置身于只有曲目中间部分的录音中，它们最终会发展出正常的鸣唱曲目，且曲目的中间部分与录音的版本相匹配。

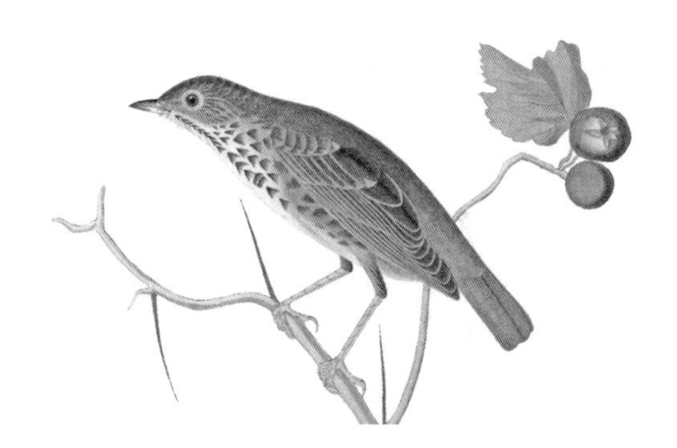

鸟类美妙的歌声令我们着迷。但是对它们了解越多，那些歌声就越令人惊叹。

雄性嘲鸫具备两个不同的鸣唱曲目：一个用于春季，另一个用于秋季。

用羽毛发声的鸟

当一只哀鸽从空中飞过时，你可能会听到一种口哨声——一种由它的羽毛制造出来的声音。这种声音的功能还不清楚，但有些科学家猜测它可能是鸟类起飞时的报警信号。雄性哀鸽还会用它们的翅膀制造噪音来吸引雌性的注意，它们从高处的栖枝上起飞冲向空中，大声地拍打着翅膀，然后向下滑行作为求偶炫耀的一部分。

还有很多其他鸟也能用羽毛制造声音。披肩榛鸡在突然起飞时会制造出爆雷一样的声音。鹊鸭的翅膀在飞行时能制造出口哨声，并能传至1英里（约1.6千米）以外。小丘鹬在飞行时其翅膀的羽毛能制造出独特的呢喃声。

在领域展示中，雄性安氏蜂鸟能够在空中几乎垂直地骤然跌落66～131英尺（约20～40米）。在它们俯冲路线的底部，它们会发出一种响亮的吱吱声，很像站在高枝处鸣唱时的声音。借助于超高速摄像机的拍摄，研究人员们发现，雄性安氏蜂鸟制造的这种尖厉的俯冲噪音是在它们降落即将结束张开尾羽时，空气与羽毛之间快速摩擦振动产生的。科学家们通过向蜂鸟外侧尾羽吹风能够模拟出相同的声音。

同样，春季的美洲沙锥也会在求偶炫耀时用它们坚硬的外侧尾羽制造声音。美洲沙锥在头顶上盘旋然后俯冲，其间降落速度可高达每小时52英里（约每小时83.7千米），同时展开尾羽。它们的翅膀以脉冲的方式拍打尾部上方的空气，空气与其两根坚硬的外侧尾羽产生振动从而制造出特有的嗡嗡声。这种独特的“呜呜呜呜呜”

声被称为“扬谷声”（winnowing），在0.5英里（约0.8千米）外就能听到。

热带的娇鹟用它们的翅膀制造出一阵奇怪的美妙声音，从快速的爆竹一样的“啪啪”声到用羽毛制造出的“哼哼”声。高速摄像机记录了一只梅花翅娇鹟将翅膀向背后翻拍过去，翅膀上两枚特化的羽毛相互撞击产生出了这种高音调的声音，其中一枚羽毛滑过另一枚羽毛就好像小提琴的琴弓滑过琴弦一样。

第七章

你知道去圣何塞的路吗[1]？鸟类迁徙

① 译者注：*The Way to San Jose*，是一首1968年的美国流行音乐，讲述出生于圣何塞而前往洛杉矶追逐梦想之人的故事，表达对名利的反思和对家乡的思念。

很久以前，人们就开始对每年飞走又飞回的鸟类产生好奇。古希腊人相信鸟类季节性的消失是因为它们冬季时把自己埋在泥土中冬眠。中世纪的人认为鸟类在月亮上越冬。直到世界旅行变得普遍，人们才开始对鸟类迁徙有所理解。甚至进入21世纪，科学家依然在发掘鸟类迁徙的秘密。如果连他们都还有疑问的话，那我们呢?

迁徙的秘密

Q **鸟类为什么会迁徙?**

A 许多在北半球繁殖的鸟以昆虫、果实、鱼和草籽为食——这些食物在冬季或消失，或被冰雪覆盖。这些鸟冬季不得不飞往南方寻找食物，但在繁殖季节，它们会回到食物更多而竞争者更少的北方。

虽然许多人认为鸟类迁徙是为了躲避冬季的寒冷，但只要有充足的食物，它们其实可以在很低的温度下生存。就算北山雀这样娇小的鸟，也能够忍受-46℃的低温。它们取食自己储存在树洞里的云杉种子和昆虫，度过漫长的冬季。

Q 鸟类迁徙距离有多远?

A 不同鸟的迁徙距离会有所不同。一些鸟不迁徙，终生生活在出生地附近，例如丛鸦。而乌蓝镰翅鸡等一些山地鸟只是随着季节变换，在山的不同高度之间移动。依据生活地点的不同，旅鸫和暗眼灯草鹀等一些物种的个体，可能会在100英里（约160.9千米）以内的范围活动。

其余鸟种则每年要飞行上千英里。在加拿大西北的育空地区，以及美国西北部、拉布拉多和纽芬兰等地区繁殖的东王霸鹟，要迁徙到南美洲越冬。北极燕鸥等许多滨鸟在哈德逊湾（Hudson Bay）或北极苔原地带繁殖，而在南美洲最南端越冬，每年在繁殖地和越冬地之间往返24000英里（约38624.3千米）。北极燕鸥迁徙期间可

以一次飞行1800英里（约2896.8千米），中间不休息也不吃食。一些金鸻在阿拉斯加西部和夏威夷之间迁徙，水上飞行距离超过3000英里（约4828千米）。最长的迁徙距离来自灰鹱，它们每年迁徙40000英里（约64373.8千米）的路程，以巨大的“8”字形路线飞越太平洋。

Q 鸟类怎么知道什么时候该迁徙呢？

A 从它们孵化出壳开始，迁徙鸟类就具有迁徙本能，随着春、秋季日照长短和太阳高度角的变化，它们内心感受到一股躁动。鸟类学家将这种躁动称为“迁徙兴奋”。即使是在人工环境下孵化成长的迁徙鸟类个体，也会表现出这种欲望。

通过对日照长短的响应，鸟类在最好的时间抵达繁殖地点，而这与鸟类越冬地的天气状况无关。在秋季，这种冲动有助于确保迁徙在食物丰富的时候开始，一旦鸟类需要不停歇地飞越大型水面，这种冲动能让它们提前储备足够的食物。许多人以为喂食器会诱使鸟类停留时间过长，但“迁徙兴奋”会保证它们及时飞走，不用担心。

虽然迁徙兴奋让鸟类感受到离开的冲动，但天气变化促使鸟类做好出发的准备。春季，新热带界（Neotropical）迁徙的鸟通常会等待北向的暴风雨过去再出发，而不是顶风而上。在美国南部越冬的鸟一般会在天气好的时候启程北上。旅鸫和雁鹅貌似会沿着37℉（约3℃）的等温线前进，如果突然出现危险的寒流，它们还能返回去。

这些物种春季抵达繁殖点的日期，每年可能会差别很大。在热带地区越冬的鸟无法预知北方的天气，所以它们的迁徙飞行与日照长短紧密相关。气候持续变暖的趋势对它们的影响在于昆虫出现得越来越早了。同时，新热带界迁徙的鸟抵达目的地、筑巢和繁育后代的日期与常规日期相差无几，这导致它们很难赶上昆虫最丰富的时间喂养雏鸟。

金翅雀冬季南迁的模式，似乎恰巧与1月平均最低气温不低于0℉（约-17.8℃）区域的气温情况吻合。

该飞走时就飞走

以发明者名字命名的埃姆伦笼（Emlem cage）刚出现时，研究迁徙的科学家就急匆匆地把鸟儿放入这种定向笼子里。笼子呈漏斗形，鸟类可以在里面站立。处于迁徙状态的鸟会沿着倾斜的笼壁向上爬，试图逃出笼子。在早期的模型中，笼子底部有沾满墨水的垫子，当鸟类试图爬上笼壁的时候，会在壁上留下脚印。新的版本内部铺以打字机复写纸等材料，当鸟类活动的时候就会留下抓痕。

非迁徙鸟类和没有处于迁徙兴奋状态的鸟类留下的痕迹是随机分布的，但处于迁徙兴奋状态的鸟类留下的痕迹有明显的方向性。一些新型笼子里的栖木上安装了微型开关，当有鸟类落在上面时会记录信号。这些实验显示，处于迁徙兴奋状态的鸟类会比其他鸟类更加活跃，并表现出对行程方向和时长的偏好。

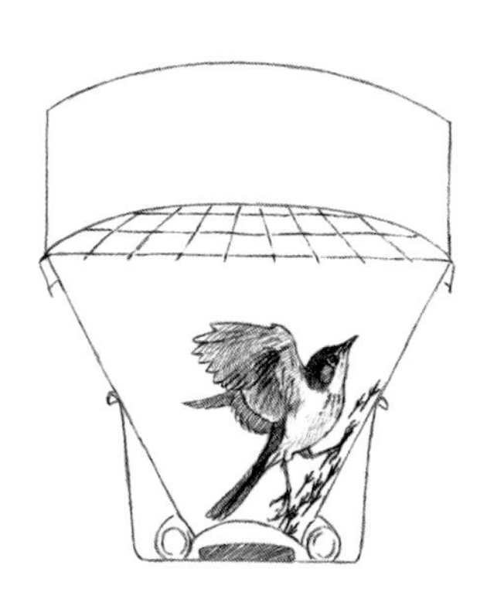

Q 迁徙的鸟类如何知道该去哪里和怎样去呢?

A 鹤和雁鹅等一些鸟是从父母那里学到了迁徙路线。它们跟随父母进行首次南迁，有时候连同次年春季部分的返程也一起完成，随后它们就开始独立迁徙了。然而，大多数鸟并不能靠父母领路。年轻的蜂鸟和潜鸟在父母离开数周之后才开始迁徙，可是它们知道朝哪里飞、飞多远，以及在哪里停下。我们对鸟类迁徙导航和定向研究得越多，越会感到惊奇。

有时候，鸟类会朝一个方向飞行一段距离，然后改变方向。例如白颊林莺，其从阿拉斯加和加拿大北部起飞，往东或东南方向朝大西洋海岸迁徙。它们在海岸停留、增肥，此时它们的体重有可能会增加1倍。随后，它们开始跨越大洋的飞行，这一次飞行将持续36～88小时，长达1500～2200英里（约2414～3540.6千米），中间既不觅食也不休息，一直飞到南美洲。刚开始跨越大洋时，它们乘着西北风，朝东南方向飞行。当到达北回归线时，它们会遇到东北信风，信风将它们的飞行路线推向南或东南，并为它们登陆南美的最后路程助上一臂之力。

风可以将鸟类推向正确的方向，但它们也会利用其他的定向手段。研究人员测试了鸟类在长距离迁徙中会利用的环境信息，包括地球磁场、星象以及偏振光模式等。最近的研究发现，鸟类的眼睛和在迁徙定向中激活的部分前脑之间存在神经联系。这暗示视觉系统对于感知地球磁场也有所贡献。一些物种也会利用山峰或河流等可见的地理标志导航。

收养人（养父母）

从2001年开始，一群人工养大的美洲鹤跟随一架超轻型飞机学习迁徙路线。飞机由穿着鹤型服装的饲养员驾驶着，这群鹤从小就对这种服装产生了“印记”。第一年秋季，鹤跟着小飞机从威斯康星州飞到佛罗里达州，随后独立完成了返程和后续的迁徙。在放归自然8年之后，其中一些鹤开始繁殖，鸟类学家希望这种人为引导可以尽快为这一濒危物种建立能够自我维持的种群。

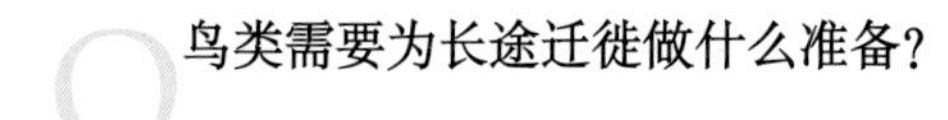

Q 鸟类需要为长途迁徙做什么准备？

A 随着夏末日照时间的缩短，鸟类大脑中的光感受器触发激素水平变化，促使许多鸟类长出新的羽毛，强度足够维持长距离飞行。激素变化还让它们胃口大开，变得贪吃，体重显著增加。许多食虫鸟类也开始吃水果、谷物和其他能够转化成身体脂肪的食物，燃烧脂肪可以为鸟类提供大量的能量。这些激素变化使它们变得活跃，尤其是在夜间。突然有一天，出发的时刻到了！

> 沿海岸和悬崖有许多观看迁徙的好地方，可以欣赏鹰等鸟乘着热气流飞行。林莺、鸫类等鸣禽在夜间要长距离飞行，因此白天通常在林子里觅食休息，你注意听山雀的叫声，就能找到它们。这是因为当林莺和绿鹃飞过北美洲的陌生地区时，当地山雀会让林莺和鸫类等鸣禽加入自己的觅食群体。山雀知道哪里有最好的食物，哪里又有捕食动物出没。

Q 我发现本地区的雄性靛彩鹀在春季时颜色十分鲜艳闪耀，但到了夏末，它们就成灰褐色了。为什么呢？

A 每年夏末，繁殖期过后，雄性靛彩鹀会脱下亮蓝色的羽毛而换上浅褐色的羽毛。在迁徙前往热带期间以及冬季大部分时间，它们都会维持这一身羽毛，之后在2月底至3月初，它们启程返回北方之前，会再次换上亮蓝色的羽毛。

鸟类的羽毛能够有效地保护身体免受极端温度、雨水、大风和过量紫外线等的伤害，但随着时间流逝，羽毛会磨损残破。换羽可以使鸟儿在羽毛的日常磨损引起麻烦之前更换掉旧的羽毛。对靛彩鹀而言，雄性的亮蓝色羽毛有利于吸引配偶和保卫领地，但在冬季则用处不大，所以它们秋季换上的羽毛就不太显眼。

顺便说明，它们的亮蓝色来自羽毛外层细胞对光线的反射，而不是色素。如果把雄性靛彩鹀的蓝色羽毛磨碎，则不会显现任何蓝色——羽毛中的色素呈暗灰棕色。当阳光照在羽毛上的时候，蓝色最为显眼，而当靛彩鹀背光或光线阴暗时，蓝色则最不明显。

搭便车

经常有人问我，蜂鸟迁徙时是否会骑在雁鹅背上？这听起来很美好，但实际上只是传言。那么，这个说法是哪里来的呢？有一次，我看到一只站在电线上的红喉北蜂鸟突然受惊。我抬头顺着它的目光往上看，只见高空中飞过一只白头海雕。白头海雕进入了蜂鸟的领地上空，蜂鸟冲它直飞过去。

当蜂鸟飞到白头海雕处，开始从它的后背、颈部上下俯冲，像一枚悠悠球。最终，白头海雕从蜂鸟的领域中飞出去。此时，小小的蜂鸟飞回到电线上，欢快地鸣叫着，好像是它把这个大个子赶走的。

蜂鸟会驱赶任何进入它觅食领域的大型生物。我觉得可能是有人看到蜂鸟朝着大雁飞过去或者从它背上飞下来，就以为蜂鸟是搭了便车，而不是实施攻击。我也确实读到过一名猎人的叙述，讲到他打了一只雁，后背上有一只被缠住的死去的蜂鸟。如果这是真的，那就不好解释了。不过，也许是蜂鸟在攻击的时候不小心被缠住。我觉得，人们只是很难相信那么小的蜂鸟可以完成远距离的迁徙——它们搭了便车倒是更容易让人相信。

然而实际上，蜂鸟可以独自飞过600英里（约965.6千米）的墨西哥湾。我们之所以得知这一信息，是有专业人士在蜂鸟飞越墨西哥湾之前，将得克萨斯州南部、路易斯安那州和密西西比州的蜂鸟捕捉、称重和环志。另外一些研究者在蜂鸟抵达尤卡坦半岛后捕捉了它们，并再次称重。平均体重差距显示，这些蜂鸟确实是靠自己的能力一口气飞越了墨西哥湾。

Q **为什么有些鸟我每年冬季都能见到，而另一些则是偶尔才出现？**

A 一些食物和筑巢资源是可以被预知而且每年都很容易找到的，但另一些则变化非常大，不易预测。旅鸫可能每年春季都回到同一个院子里筑巢，除非气候极端干旱，喂养幼鸟的蠕虫和筑巢的湿泥都很有限。但在冬季，某一地区树上的浆果可能在有的年份很丰富，而有的年份很稀少。所以鸟儿们在冬季的活动范围很大。许多燕雀类在冬季以松子为食。一个地区某一年可能松子大丰收，而下一年鸟儿就可能需要到几百英里以外才能找到同样的食物。这些依赖不确定食物资源而变换地点的鸟称为“爆发型”鸟。

Q **为什么有的鹰在冬季迁徙，而有些在冬季会留下来？**

A 不同种类的鹰捕捉不同的猎物。冬季，以大范围内的啮齿类动物为食的鹰可能会飞到南美洲大片处于夏季的区域寻找食物，例如斯氏鵟；也可能会像红尾鵟一样坚守在北方，继续巡视它们大片的领地，在小动物从雪里钻出来或跑过马路的时候抓住它们。

专门吃滨鸟的游隼通常会一路飞到南美，而那些学会抓广场鸽的游隼则能够在北方度过整个冬季。一些库氏鹰学会了利用鸟类喂食器获得易捕的猎物，它们会留在北方，而其他的库氏鹰则飞去中美洲抓林莺、唐纳雀和拟黄鹂吃。

Q 夏季，我家的蜂鸟通常会消失几周，之后又突然大量出现，这是为什么？

A 成年雄性蜂鸟会努力保卫自己的领地，如果你家的院子正好处于某只蜂鸟的领地内，它会在繁殖期间将其他的蜂鸟都赶走。如果你家附近有一只雌性蜂鸟在筑巢，它只会偶尔造访你的喂食器，而多数时间在孵卵。

当卵孵化以后，雌鸟通常只吃含有小昆虫和花蜜的花。昆虫富含蛋白质，而雏鸟需要蛋白质才能快速成长，因此雌鸟会将半消化的昆虫和蜂蜜糊糊反刍喂给雏鸟。一旦雏鸟羽毛长齐，雌鸟会继续喂养它们几天，直到它们可以独立觅食。

这时候，雌鸟会带领幼鸟来到喂食器前，教它们如何利用这种便利的食物。这时候，雄性也不再保卫领地，并开始准备迁徙，成年雌性紧随其后。那些突然出现的大量蜂鸟，实际上是从更北的地区飞来的，它们只是路过。

夜间飞行

Q **我听说，很多鸣禽都是在夜间迁徙的。为什么呢？**

A 夜间迁徙的好处有很多。

- 夜间气温更低，空气湿润，鸟类更不容易出现过热或脱水的状况。
- 夜间的风通常较小，有利于飞行时节省能量。
- 捕食鸣禽的鹰通常日间比较活跃，而夜行性的猫头鹰也不捕捉半空中的猎物。所以从躲避捕食者的角度来说，夜间迁徙更加安全。
- 由于鸣禽视物和觅食都需要阳光，夜间迁徙让它们可以在白天休息、觅食，为下一段行程做好准备。

Q **当鸟类在夜间迁徙的时候，它们是怎样确定方向的呢？**

A 它们通过感知地球磁场和利用星象来确保自己前进方向的正确。鸟类与我们一样，视网膜中有视杆细胞，拥有有限的夜间视力，并且它们可以轻易地看到星星，这也跟我们一样。但天空中的其他物体或者身体下方的物体，它们就看不太清楚了，尤其是在没有月亮或者阴天的时候。

很长一段时间，研究人员都认为，一些迁徙鸟类可以利用地球磁场定向。20世纪60年代有一个经典实验，研究者给一半信鸽戴上有磁性的头盔，给另一半戴上重量和尺寸都相同但没有磁性的头盔。在晴天，所有的信鸽都能轻易飞回家；在阴天时候，至少在太阳出现以前，佩戴磁性头盔的信鸽都无法定向或飞回家。

最近，研究人员在刺歌雀和白喉带鹀等一些迁徙鸟种的鼻部组织中发现了磁性物质沉淀，并得知鸟类大脑视觉中枢的一些神经细胞对磁场变化有反应。在黑暗或红光环境下，这些鸟可能会失去方向感，但在白光、绿光或蓝光环境中，它们的方向感则是正常的。

2004年，一个欧洲团队研究了庭园林莺，发现视网膜中的感光色素会影响鸟类的感觉细胞对磁场的反应。视网膜曲率和鼻组织磁性沉淀的位置有可能在响应磁场时共同形成某种模式，也许这会使鸟类面向南方或北方时视觉产生颜色变化，但面朝东方或西方则没有这种变化。这可能解释了为什么鸟类会在一些颜色的环境中失去方向感，而在另一些颜色中不会。但我们不知道，鸟类对磁场的感知是通过视觉还是通过其他我们人类无法想象的感知方式。

Q **科学家是怎么知道鸟类会利用星象导航的呢?**

A 20世纪50年代，科学家就开始在天文馆开展此类有趣的研究了。当时，欧洲科学家弗朗茨（Franz）和爱丽诺（Eleanor）发现庭园林莺会朝北极星投影的反方向飞行，就算转动投影将北极星投射到其他方向也是如此。在20世纪60年代，美国科学家斯蒂芬・埃姆伦（Stephen Emlen）发现鸟类并不能识别单个星星，而是能识别星星围绕某个固定星星转动的模式。他将靛彩鹀放在天文馆的投影天空下养大，让所有星星都围绕参宿四旋转。在第一年秋季，这些靛彩鹀就朝参宿四的反方向飞行。

雏鸟在夜间看起来会有一段清醒时间，望着夜空。它们可能注意到星星沿着圆形移动，并本能地知道固定的那颗星是“北方”，它们通过周围星星的排列方式找到这颗星，这样即使在阴云密布的夜里它们也能知道哪个方向是北方。

每年都有几百万只迁徙鸟类撞上高层建筑。我们能做些什么？多伦多致命光线警告项目（Fatal Light Awareness Program，简称FLAP）的工作人员会在一大早巡逻多伦多闹市区，救助受伤的鸟并清理尸体。他们强烈要求大家在鸟类迁徙季节的夜间关闭灯光或者拉上窗帘。在芝加哥、明尼阿波利斯和旧金山也有类似的项目。

方向感

Q **鸟类是直接朝正北或正南迁徙的吗？它们怎么应对侧风的呢？**

A 几乎没有鸟是正南正北向迁徙的。白颊林莺等许多鸟都有特殊的习性，让它们可以充分利用迁徙途中特定的觅食或飞行机会。这些鸟中有许多会先朝东南方向的大西洋海岸飞行，随后乘着信风飞过海洋抵达南美洲。为了适应长距离的飞行，它们的初级飞羽比飞行距离较短的松莺等鸟类的要长很多。

红喉北蜂鸟通常一直往南飞到墨西哥湾，然后在食物丰富的密西西比河三角洲地区增加脂肪储备。随后，许多红喉北蜂鸟会从这里一口气飞到尤卡坦半岛。但也有证据显示，一些个体会沿着海岸线飞行，而不会选择跨越水域的长距离航线。

迁徙鸟类的飞行方向通常取决于它们的最终目的地、途中星星是否可见以及其他的许多个体因素。例如，鸫类的方向感非常强。虽然从给定地点出发时，每只鸟都飞向不同方向，但随后它们都会朝越冬地进发。不过越冬地的范围是很广的，所有的鸟都集合到一个地点反而不好。

既然鸟类可以远走高飞，为什么有些鸟在冬季还是留在很冷的地方呢？

热带留鸟的成鸟平均年存活率是80%～90%，而迁徙鸟类则为50%。由于活过冬季困难重重，温带留鸟的这一比例则只有20%～50%。那为什么这些北方的留鸟不迁徙到南方以提高生存比例呢？

因为进化游戏的胜利不只属于活得最长的鸟，还有繁殖了足够多后代的鸟。早在迁徙鸟类抵达之前，留鸟就能先占领最好的领地，并在繁殖开始之前就知道领地的差异，因而在开始繁殖时，不会因为漫长的旅程和领地战争耗尽心力。它们的雏鸟还可以更早地成熟，如果第一窝失败了，它们还有更多时间再来一次。

迁徙貌似很危险，而且迁徙鸟类长距离飞行要消耗大量能量。鸟类为什么还要迁徙呢？

鸟类的迁徙因为多种原因可能会经历多次变更。北温带和极北区面积广阔，昆虫丰富；同时，这里的行军蚁（army ant）等掠夺型昆虫，以及毒蛇和毒蜘蛛等则比热带地区少得多。北温带和北寒带的日照时间也明显长于热带，让鸟类每天能有更多的时间喂养雏鸟，显著减少了脆弱的雏鸟待在巢中的时间。

一些在北美洲最北部地区繁殖的鸟可以追溯到热带留鸟，它们为了躲避竞争并利用北方丰富的昆虫资源，开始飞往北方繁殖，并

横生枝节

虽然鸟类有复杂的定向机制，一些强烈的暴风雨依然可以将迁徙鸟类送上迷途。莺属的一些种、暗眼灯草鹀、白喉带鹀、猩红丽唐纳雀和玫胸白斑翅雀等北美鸣禽都曾被暴风雨裹挟越过大西洋，到达英格兰和爱尔兰等地。由于这种情况经常发生，这些鸟甚至被列入欧洲观鸟手册了。一些西伯利亚的鸟，尤其是�类和燕雀，经常出现在北美洲。而有一些鸟甚至被完全搞反了方向，比如南美洲的叉尾王霸鹟就曾多次出现在北美洲。如果你想了解林莺等鸟的迁徙路线，可以访问以下网站：http：//bna.birds.cornell.edu/bna/species/437/articles/migration。

在繁殖过后返回热带的“故乡”。有78%的北方迁徙鸟种，包括霸鹟、燕、绿鹃、鹪鹩和拟黄鹂等类群，有同属或同种的亲戚是热带留鸟。

当环境发生变化时，一些原来不迁徙的种群也可能开始迁徙。例如，我们曾亲眼见证：20世纪40年代，西南部地区不迁徙的家朱雀曾经被引入纽约市。不到20年的时间，一些个体就开始迁徙到海湾国家越冬，并返回北方繁殖。其他个体则全年留在东北地区。只用了不到20年，这一物种就变成了“部分迁徙型”。

Q **我听说，通过查看气象图，可以知道鸟类是否会在特定的某天迁徙！这是真的吗？**

A 是的。雷达气象图反映了雷达波扫描大气层时的反射情况。雷达波被降水或云层中的水蒸气反射，生成的雷达气象图可以显示天气状况，但雷达波也同样会被大群的鸟类或昆虫反射。

第二次世界大战前期，英国的雷达操作员曾注意到屏幕上飘过神秘的阴影。排除了天气影响的可能性之后，雷达技术员将这种神秘的阴影昵称为“天使”。1958年，新奥尔良市的高中生西德尼·加斯洛（Sidney Gauthreaux）想到，这一“天使”可能是大群鸟的雷达波反射，于是开始查看雷达图像。在路易斯安那州读研究生期间，他通过研究雷达图像来证明鸟类跨墨西哥湾大迁徙的存在。

20世纪80年代后期，加斯洛研究查看雷达图像档案，发现一个让人不安的情况：从20世纪60年代开始，鸟类跨越海湾的大迁徙活动几乎减少了一半。

新一代天气雷达（Next Generation Radar，NEXRAD）降低了鸟类迁徙的研究难度。空军也开始在其飞机鸟撞威胁项目（Bird Aircraft Strike Hazard Program）中利用新一代天气雷达避免鸟撞。研究者们拍摄了大面积空域图像，发现每天早上，几千只紫崖燕从关键栖息地向四周分散飞去。

现在，任何能够在电脑上获得新一代天气雷达气象图的人，只要知道图中的神秘阴影代表什么，都可以查看鸟群在夜间起飞迁徙或日间降落的情况。你可以在以下网站了解查看方法：www.virtual.clemson.edu/groups/birdrad/。

迁徙的危险

在秋季迁徙期间，许多鸟需要飞越墨西哥湾，而此时正值飓风频发时节。大风、冰雹、被风卷起的碎片、倒下的树木等，都会给鸟群带来灭顶之灾。它们可能被吹得太远，无法生存。鸟群飞越暴风蹂躏过的区域时可能难以找到食物，而洪水淹没汽车、房屋、炼油厂、化工厂引起的石油、汽油等有毒物质泄露也会使鸟类死亡。

迁徙鸟类多数情况下不会遭遇飓风，也会避免进入被飓风破坏的区域。但迁徙途中依然有很多其他的危险。信号塔每年会导致5000万只迁徙鸟类的死亡。如果鸟类在飞越海湾广阔水域的途中遇到浓雾或暴风雨，它们会被船只上的灯光吸引，并撞上窗户导致受伤或死亡。它们幸运地活过了危险的夜晚，迎来清晨的阳光，又不得不在新的环境中挣扎求生。

城市也充满危险。据估计，纽约市每年有5～10亿只鸟因撞上窗户而死。这种情况多发生在夜间亮灯的高楼上，以及清晨地面附近的大玻璃门窗上，此时鸟类发现自己身处高楼林立的城市，而仅有的植物都在酒店大厅或阳光房里。栖息地退化，尤其是沿海岸线区域的栖息地退化，让鸟类在最需食物的时候却难以找到食物。作为一名野生动物救护员，我曾经照顾过几只潜鸟、鹏鹛和秧鸡，它们都不幸撞上了反光的潮湿路面，而几年前那里还是一片湿地。

研究人员发现，黑喉蓝林莺迁徙期的表观死亡率（apparent mortality rates）是繁殖期和越冬期的至少15倍；该物种每年有85%以上的死亡事件发生在迁徙期间。

在“后院观鸟大行动”（Great Backyard Bird Count）地图中，你可以找到1999年以来，2月中旬在美国和加拿大越冬的所有鸟的位置报告。网址如下：www.birdcount.org。

鸟类在冬季做什么？

Q

当鸟类抵达越冬地时，它们会再次筑巢吗？

A

不会。北方的鸟类冬季会到热带生活、觅食，有时候还会换羽。但养育后代要消耗大量的能量，几乎没有鸟能够在如此短的时间内完成这一任务。

加拿大黑雁早在17世纪就被引入大不列颠群岛。四个世纪之后的今天，那里的加拿大黑雁依然不迁徙。而当加拿大黑雁在20世纪上半叶被引入瑞典后，这些黑雁开始迁徙。它们中的许多个体飞往斯堪的纳维亚半岛最南端的斯堪尼亚（Scania）地区以及德国东部的波罗的海海岸。

Q

鸟类在热带“度寒假”的时候都做什么？它们就到处转转找吃的吗？

A

许多鸟，不论雌雄，都需要努力保卫它们的冬季领地，其能量消耗与保卫繁殖领地的消耗一样大。了解居住地周围的每一寸土地，查看哪里适合觅食，哪里适合躲避捕食者，哪里能够安全休息，是十分有益的。同样，热带也有许多危险，而且它们还要

与大量的其他鸟种竞争有限的资源。

东王霸鹟等一些鸟在北方繁殖期间主要以高蛋白的昆虫为食，但它们越冬期间则可能转而以吃果实为生。吃果实的鸟类可能在夏季是高度领域性的，但在越冬地，它们则可以组成大群和平相处，在更大范围内游荡寻找食物。

不论是努力保卫冬季领地还是组成大群，越冬的鸟都要从筋疲力尽的秋季迁徙中尽快恢复，为此后到来的返程迁徙做好准备。

Q **是否有中美洲和北美洲的鸟类会向北迁徙到北美越冬呢？**

A 少数的南方鸟类个体会在繁殖季结束后向北移动，但都属于反常记录。大约有220～240种南迁鸟类（在南温带繁殖但向北迁徙越冬的鸟类）在南美洲的温带繁殖，到亚马逊盆地越冬。多数南迁鸟类越冬时并不会深入到热带——只有32种鸟会抵达亚马逊河流域，另外14种则在亚马逊盆地以北越冬。不过相比之下，有420种鸟在北美洲温带繁殖并到热带地区越冬。

Q 一般认为旅鸫会在早春抵达，但我在明尼苏达州整个冬季都见到了它们！这怎么可能呢？

A 旅鸫的食性会从春、夏季节的以蠕虫和昆虫为主，转变为秋、冬季节的以水果为主。不论多么靠北，它们只要能找到食物，就能活下去。旅鸫的迁徙很有意思——并不是从北到南，而是在寻找水果和浆果的过程中散漫地游荡。这些水果和浆果在有些地区可能很丰富，而在另一些地区则很少见。

雄性旅鸫更可能留在北方，如果它们能活过冬季，那么第二年春季就能最早抵达繁殖地并占据最好的领地。如果食物不幸被吃光，它们就会离开，但有些个体也会因为恶劣的天气和饥饿死去。所以在这些群体中，长距离迁徙的基因依然存在。旅鸫的春季迁徙高峰随着冰雪融化、蚯蚓出现而展开，此时平均温度大约为37℉（约3℃）。但在许多北部地区，留下越冬的旅鸫早在第一只北飞个体抵达之前，就在那里了。

那么如何判断旅鸫是否进入了春季状态呢？如果你看到它们成群在树林中取食水果，那么它们依然还在延续冬季状态；而当它们在草地上跑跳取食蠕虫并开始鸣叫的时候，它们就是表现出了春季状态。春季抵达的旅鸫通常会单独或成对出现，有时也与竞争对手打斗。在早春多变的环境中，已经进入春季状态的旅鸫，在倒春寒出现时也可能又退回到冬季状态。

第八章

鸟类和蜜蜂：鸟类如何繁殖

从人类历史早期开始，蛋就是新生命和复活的象征。我们人类会借用鸟类世界来描述我们自己的“就巢性”[①]，我们储蓄（save up a “nest egg”）的冲动，以及当我们的孩子离家之后，我们如何患上了“空巢综合征”（empty-nest symdrome）。6月来临，到处有鸟蛋出现。此时，我们充满了喜悦和惊叹。

^v^v^v^v^v^v^v^v^v^v^v^v^v^v^v^v^v^v^v^v^v^v^v^v^v^v^v^v^v^v^v^v^v^v^v^

求偶仪式

Q **歌中唱道：“鸟儿这样做，蜜蜂这样做，上过学的跳蚤也这样做。”[②]但是鸟儿究竟做了什么呢？**

A 在交配之前，鸟类通常会通过仪式性地展示来互相求爱。例如，一对美洲鹤会面对面跳舞，跳起、鞠躬并扇动翅膀。红尾鵟会在飞行中抓住对方的爪子，一起旋转着坠向地面。有时候雄性的鸣禽会向对方献上精心挑选的昆虫或浆果。绿头鸭会上下晃动脑袋，雌雄双方朝相反的方向摇晃，一方向上时另一方向下。

多数情况下，当准备好要交配时，雄性落在雌性的背上。它们会翘起尾巴，将泄殖腔相互对准。精子从雄性的泄殖腔进入雌性的

① 译者注：就巢性（broodiness），又叫“抱窝”，是禽类的一种母性行为，具体表现为产蛋一段时间后，体温升高，被毛蓬松，抱蛋而窝，停止产蛋。

② 译者注：歌词出自流行歌曲*Let’s Do It, Let’s Fall in Love*，由科尔·波特（Clole Porter）写于1928年。

泄殖腔。受精卵沿着输卵管下行，细胞则沿着输卵管先分泌蛋白质形成蛋白，后分泌钙质形成蛋壳。通常第二天一大早，雌性就会产下卵。雌性通常只有一个卵巢发育良好，多数鸟种每天或每两天排卵一次，所以产卵持续的天数至少与窝卵数相当。

在开始筑巢到完成产卵期间，一对成鸟可能会交配多次，精子依靠自身活性在雌性体内可以存活一周以上。如果雄性被杀，雌性也可以独自抚养后代，不过多数情况下，死去的配偶在一天内就被新欢取代了。最近几十年，鸟类学家发现许多鸟有“婚外交配”现象。即使当雌性与雄性的关系已经稳定，雌性依然会与其他雄性交配一两次，而一窝的小鸟也常常有不止一个父亲。

鸟类为什么有如此复杂而多样的求偶行为呢？

求偶行为是一种交流，表达出鸟类交配的欲望，还为鸟儿提供了接近配偶的机会。雌鸟在产卵、孵化和抚养雏鸟的过程中，要投入大量的体力和精力。求偶炫耀可以帮助雌性选择最有能力帮它们产出健康后代的配偶。雌性可以根据雄性的行为、表演或歌声，评估它的健康、活力和养育后代的能力。

例如，雄鸟可能会展示它色彩亮丽的羽毛，羽毛的亮丽表明了身体的健康或找到好的食物的能力。雄性食螺鸢会向配偶献上一根树枝或一个蜗牛，这有可能证明了它寻找巢材和觅食的能力。雄性鸣禽可能会反复地鸣唱，展示其旺盛精力或丰富经验。雌性小嘲鸫会喜欢歌声变化最多的雄性。由于年长的雄性有更多的鸣唱经历，较大的曲库可能表明了它们长寿和有丰富的育幼经验。

雄性东蓝鸲在巢穴前炫耀，吸引雌性。它带着巢材在洞口进进出出，并站在其上拍打翅膀。其实真正的筑巢和孵卵过程完全是雌性完成的，但雄性也帮助喂养幼鸟。

Q 为什么蓝脚鲣鸟的脚是蓝色的？

A 蓝脚鲣鸟是鹈鹕的亲戚，它们主要吃鱼，在热带和亚热带的太平洋海岛上繁殖，其中最主要的是加拉帕戈斯群岛。它们的脚大而有蹼，颜色在淡粉蓝色到深海蓝色之间。在求偶舞蹈中，雄性会炫耀它们蓝色的脚，抬起来又重重落下。脚最好看的雄性对雌性的吸引力最大。鲣鸟脚的颜色只有在它们吃饱了高营养的鱼类时才会最亮丽——在圈养条件下，缺乏良好的食物，它们脚部的颜色在48小时内就会迅速失去光泽。所以，雌性利用这一特征来判断雄性的觅食能力，而它直接说明了雄性能够为幼鸟提供怎样的食物。有趣的是，如果科学家在雌性产下第一枚卵之后，用黯淡的颜色将雄鸟的脚涂灰，那么雌性产下的第二枚卵就会很小——这样有可能是为了减少养育这只幼鸟所需要的食物。

虽然雄性蓝脚鲣鸟在求偶舞蹈中会展示它们蓝色的脚部，但这种蓝色全年都存在于雌雄两性脚上，并不只在交配季节才有。两性都会用脚孵卵并为幼鸟保温，但蓝色并不会增强这些功能。

惊人的求偶炫耀

北美鸊鷉、草地松鸡、星蜂鸟、娇鹟和热带的鷚鹩们大量惊人的求偶炫耀不仅让鸟儿们欲望高涨，也让我们充满了好奇。

许多人看过北美鸊鷉（美国西部一种潜水鸟类，黑白相间，颈长优雅）在湖面同步跳舞的电影片段。在这些称为“奔突炫耀”的惊艳舞蹈中，两只鸟朝向一侧，向前急冲，身体完全离水，肩并肩地快速跑过水面。有时候另外一两只鸟也会加入。在前后猛冲5～20分钟之后，它们放下翅膀潜入水里。虽然在这期间它们并不鸣叫，但以脚拍打水面的独特场景还是非常值得一看的。

艾草松鸡、草原松鸡和小草原松鸡以及尖尾松鸡——美国西南部平原上的鸡型鸟类——都有精彩的求偶炫耀。雄性聚集在求偶场上，鼓起色彩鲜亮的气囊，跺着脚，竖起头部和身体的羽毛，并张开翅膀。雌性徘徊其间，选择表现出色的雄性与之交配。这些松鸡并不固定配偶，一般是雌性独自筑巢、孵卵并养育幼鸟。它们会从数英里外飞到求偶场来挑选最好的雄性。

中南美洲的许多娇鹟类，从会走太空步的红顶娇鹟到美洲娇鹟和橙领娇鹟，它们的求偶炫耀都十分精彩。其中，几只雄性会清理出一片区域作为求偶场，在纤细光滑的垂直树枝上来回跳跃，翅膀随着跳跃发出低沉的啪嗒声。当雌性出现时，这些雄性会跳到一起，在展示区域上方跃过对方的身体。同时，雄性还会竖起喉部的羽毛形成胡须。

许多雄性蜂鸟用特化的求偶飞行方式来吸引雌性。例如，雄性星蜂鸟（分布在北美洲西部山区的最小鸟类）会进行一种特殊的俯冲：先飞到大约30米的高空，以很高的速度冲下来，并突然停住，随后再次飞高，沿着“U”形路线如此往复。期间，它们的飞羽发出蜜蜂似的嗡嗡（hum）声。

许多热带的鹪鹩进行听觉的而不是视觉的求偶炫耀，它们唱出的二重奏如此协调完美，以至于人们不觉得这是两只鸟唱出来的。

Q **我在喂食器旁边观察鸟类的时候，注意到一只雄性玫胸白斑翅雀正在喂食它的配偶或者幼鸟，被喂食的那只鸟就站在喂食器旁边，等着那只雄性带种子给它。为什么这只雌性或者幼鸟不自己去吃食呢？**

A 在求偶期间，雄性有时候会给雌性献上食物——雌性可能据此判断哪一个追求者能够提供更好的食物。在幼鸟羽毛丰满后，它们还需要一些时间来知道哪些东西是可以吃的，并且它们可能还不太会飞。所以，幼鸟躲在相对隐蔽的灌丛中，让成鸟往返喂食器衔取食物来喂它们，可能是相对安全的。

鸟类的羽毛

Q **旅鸫为什么会产下蓝色的卵？可以分清雌性和雄性吗？**

A 没人知道为什么旅鸫的卵是蓝色的，不过多数鸫类的卵都是蓝色的。蓝色对卵并没有伪装作用，但也没让它们更加显眼。色素通常可以增加组织的结构强度，这种蓝色的色素可能恰好让蛋壳厚度足以保护胚胎，又不至于阻碍雏鸟出壳。

除了繁殖季节外，旅鸫全年都集群生活。雌性在孵卵和育雏期间都不会远离巢穴，而一旦雏鸟羽毛丰满，雄性就会趁夜间将它们带到公共栖息区域。12～14天后，雄鸟会离开幼鸟返回巢穴，帮助照顾下一窝雏鸟，而这些幼鸟则会与其他幼鸟一起待在公共栖息区域。

当这对成鸟育雏完成之后，它们也会加入大群。在秋冬季节，有时候旅鸫会形成数千、数万甚至十万只的大群，不过多数群体数量在几十只左右。当春季来临，雌性和雄性经常会出现持续的领域争夺，这时大群就解散了。

雄性和雌性旅鸫间的差异非常细微。雌性的颜色整体比雄性灰暗，尤其是头部。雄性的头部基本是黑色的，眼部的白色月牙和喉部的色带也更加明显。但如果有其他地区的旅鸫在一起，尤其是在冬季大群中，你会发现一个地区的亮色雌性与另一个地区的暗色雄性看起来差不多。对于经常观察的一对旅鸫，你可能比较容易看出两性的差别，尤其是在繁殖季节。而且，如果你能听到旅鸫鸣叫（不只会发出peek声，还有tut-tut-tut声），那它一定是雄性了。

“少男少女”站一起

一些鸟种的雌性和雄性可能只有体型的差别，尤其是结成终身伴侣的那些，例如鸦、乌鸦、渡鸦、鹤、雕、雁鹅和天鹅。另一些鸟种，雄性和雌性的羽色却差别非常大，例如主红雀、太平鸟、燕雀和许多鸭类。这被称为性二型（sexual dimorphism）。

雌性色彩通常比较斑驳，有助于它们在孵卵时伪装。不过，尽管雄性玫胸白斑翅雀色彩鲜艳，它们也会参与孵卵。雄性颜色鲜艳，有助于吸引雌性，增加对领域的防御力。例如，雌性红翅黑鹂和雌性橙腹拟鹂会更加喜欢色彩艳丽的雄性，而这些雄性也拥有更好的领地。

对于许多鸟来说，它们的名字只代表了该种的雄性。雌性猩红丽唐纳雀从来不是猩红色，雌性红翅黑鹂也没有红色翅膀，而雌性红喉北蜂鸟更没有红色的喉部。

Q **美国中西部的雄性北美金翅雀在冬季是改变了颜色吗？或者它们是否迁徙走了，而将雌性留在原地？**

A 雄性北美金翅雀在冬季的颜色与雌性一样黯淡。这一科鸟冬季和夏季羽色的差异是最显著的，而且不同金翅雀之间春季换羽都是不一样的。就整个大陆来说，迁徙高峰主要在春季换羽期间的4月中旬至6月，以及秋季换羽之后的10月下旬至12月中旬。不同个体之间的差别很大——一些个体有的年份迁徙，有的年份不迁徙，金翅雀集合成两性混群，两性都会根据各自的喜好，飞往迁徙地或者留在中西部地区。

占区、占区、占区——保卫领地

Q **在我们那儿的公园里，我见到两只嘲鸫在打架，但不知道它们是在争夺什么。看起来它们俩的领地都挺大的。**

A 当筑巢时间来临，许多鸟都会建立并保卫领地，为争夺配偶而打斗。为了成功养育后代，鸟类需要安全的筑巢地点以及可以满足全家需求的可口食物。许多鸟会保卫巢穴附近的区域，赶走可能与其争夺食物的鸟。它们还会赶走那些可能与自己配偶交配的入侵者。一只小嘲鸫的领域大约有0.4～2.4公顷。一些鸣禽的领域非常小——橙顶灶莺和歌带鹀可能只需要不到1英亩（约0.4公顷）的领地。但是以特殊食物或者食物链上层物种为食的鸟类，则需要更大的领地。根据栖息地的质量，猩红丽唐纳雀的领地面积可达5～30英亩（约2～12公顷）或更多。呆头伯劳可能需要75英亩（约30公顷）或更大面积的领地，而灰噪鸦的领地平均面积为250英亩（约101公顷）。

鸣禽外的其他鸟类的领地面积也受到食物数量和巢址分布的影响。在植被稀疏的萨斯卡切温省（Saskatchewan），白头海雕需要保卫至少1.5平方英里（约3.9平方千米）的领地；而在食物更加丰富的阿拉斯加克鲁佐夫岛（Kruzof islland），它们的领地最小只有0.2平方英里（约0.5平方千米）。一些雕可能会飞到离巢很远的地方抓鱼，所以如果一个地方可以捕鱼的水域很多，雕甚至会在适合筑巢的大树上聚集。有时候，一只雕抓到鱼，其他的雕会来攻击抢夺，所以即使它们能够共用水域，互相之间也需要一些空间。红翅黑鹂们互相之间有共识，它们虽然会互不相让地保护自己的巢穴，但是在远离巢穴的地方，它们可以和平地一起觅食。

Q **我的后院可以容下多少鹪鹩和平共处？它们也有领域性吗？我想给它们安装一些人工巢箱。**

A 鹪鹩的领域性很强。你最多能吸引来一只雄性鹪鹩，但它会在所有的巢箱中筑巢，并招来好几只雌性，每只雌性会占用一个巢箱。

Q **所有的鸟都会保卫领域吗？**

A 不是的。一些鸟即使在繁殖期间也是高度社会性的。例如：几千只美洲燕会将它们葫芦状的泥巴巢紧挨着建在同一个栖息地，形成很高的密度，一个原因是因为适合它们筑巢的泥土和位置都十分有限。每一对美洲燕都只保卫它们筑巢的地方，而一旦巢筑好了，它们好像就不介意别的个体站在它们的巢上，只要不进入自己的巢里就行。当筑巢完成后，它们就只保卫巢下方的位置，防止其他个体筑巢时不慎将它们巢穴的出口堵住。

大蓝鹭也是在领地筑巢的，它们在已死的树上用树枝搭建成巢。成鸟会飞行数英里，往返于巢和较好的捕鱼点之间，而且它们好像对觅食地点有更强的领域性要求，反而在巢区是社会性的。

帝企鹅也不保卫领地。它们孵卵和育雏的时候都是紧挨着站在一起的。而美洲燕和帝企鹅的共同点是什么呢？它们的食物都聚集在离巢很远的地方。美洲燕追逐成群的昆虫，帝企鹅离开巢区到海里觅食，而这些食物资源都很难保卫。

通过聚集在一起筑巢，鸟类可以更好地防御捕食者——当其中一些个体外出觅食的时候，附近的其他成年个体就可以进行警戒并驱逐入侵者。大蓝鹭所筑的巢正是雕和鹗喜欢占用的巢的类型，而大群的大蓝鹭聚集在一起，就可以有效地驱逐这些强盗了。企鹅在寒冷的冬季集群还有一个好处：它们挤在一起，就能相互取暖。

根据食物资源状况的不同，加拿大北部的美洲鹤要保卫的领地面积变化很大，小到0.5平方英里（约1.3平方千米），大到18平方英里（约46.6平方千米）。

Q **我们家10磅（约4.5千克）重的迷你杜宾犬从来不叫，但却经常被一群凶猛的黑鸟攻击。当它在院子里的时候，这群鸟就来围攻它。我们的院子里有一些常绿树木。是不是因为树上有鸟巢呢？以前从来没遇到过这种问题。我们还注意到家附近至少有一只鹰，我们的鸟邻居应该也注意到了。如果它们是在保护幼鸟或领地的话，这会持续多久呢？我的狗快被吓死了！**

A 我觉得你说的黑鸟应该是普通鹩哥，它们喜欢在针叶树上筑巢。它们可能已经来了有几年了，但今年那只鹰的出现可能让它们非常紧张。当你的狗是唯一威胁的时候，它们可以一边注意观察狗的动静，一边该干什么就干什么。然而现在鹰对它们自己和幼鸟都造成了更大的威胁，它们面临更大的压力，也因此变得更加具有攻击性。如果这是一只库氏鹰，普通鹩哥可不敢惹它，所以就把怒气都撒在你家可怜的小狗身上了。

普通鹩哥孵卵需要11～15天，幼鸟在巢中还要再待10～17天。所以，在最坏的情况下，它们大概要欺负你家狗一个月。但它们不会再次繁殖，所以当幼鸟羽翼丰满，全家飞走的时候，你家小狗的生活就能恢复平静了。

领域内有什么？

鸟类的食性和筑巢环境决定了它们会占据什么样的领域。郊区的旅鸫喜欢湿润的草地，因为有丰富的蚯蚓和浆果为食，还有适合的树枝或屋檐来筑巢。家燕会寻找桥梁、涵洞、谷仓，或其他建筑物——这些建筑物既要有坚固的支柱和屋檐，或者能够承受它们沉重泥质鸟巢的其他支撑物，同时还要位于水塘或其他拥有大量飞行昆虫的开阔区域附近。

这两个鸟种筑巢都要用到湿泥，所以最合适的领地内还要有湿润、泥泞的海滨或者泥坑。在适合家燕的区域，昆虫的数量比鸟类进食所需多得多，所以家燕们的巢穴紧挨在一起，也并不会对喂养幼鸟造成影响。然而对于旅鸫来说，如果其他旅鸫的巢离得太近，那么领域中的蚯蚓等食物就会很快被消耗掉，因此它们的领域防御意识更强。

多数蜂鸟都更喜欢有蜘蛛网和苔藓的领地，因为这些是它们筑巢的材料。一个理想的领域中可能还有筑巢的吸汁啄木鸟。在

春季，花朵开放产生花蜜之前，红喉北蜂鸟可以在黄腹吸汁啄木鸟啄出的树洞里吸树的汁液为生。有些鸟在树洞里筑巢，但自己并不凿洞，例如蓝鸲和鹪鹩，它们会在具有充足食物的生境中寻找合适的筑巢点。

一些雄鸟，包括雄性娇鹟、极乐鸟、园丁鸟和动冠伞鸟等类群，只保卫它们对雌性进行求偶炫耀的区域。数十只甚至数百只的雄性尖尾松鸡或草原松鸡等生活在草地的松鸡，聚集在一大块称为“求偶场”的地区。在我们人类看来，这些地方没有什么特别，但鸟儿们却会一年又一年回到这里，并且完全无视附近类似的地点。

在求偶场中，雄性鼓起它们鲜艳的气囊，竖起尾羽，使劲跺脚。与之竞争的雄性，尤其是处在求偶场外围的个体，互相之间可能会打斗、啄咬、扯羽毛、用翅膀拍打和用爪子抓挠，特别是当雌性进入求偶场的时候。在筑巢的早期，雌性可能会来求偶场几次，但筑巢和抚育幼鸟都是雌性独立完成的，雄性则完全不参与这些过程，巢穴的位置可能距离求偶场1英里（约1609.3米）以上。

关于求偶炫耀的更多信息，见237页

建造最好的巢

Q **如果在一个繁殖季，旅鸫在距离房子很近的灌木丛里建造了巢穴，那么下一个繁殖季它有多大的可能返回同一地点筑巢呢？**

A 如果雌性活过了冬季，并且第一年就成功养大了幼鸟，那么它在下一年返回同一地点筑巢的可能性是非常大的。如果上一年的繁殖失败，那它通常会另找一个地方筑巢。

Q **所有鸟都在巢里睡觉吗？**

A 不是的。巢并不是成鸟睡觉的地方，而只是用来孵卵和安置雏鸟的地方。许多鸟的雏鸟，包括鸭子、雁鹅，以及鸡的亲戚，如松鸡等，出壳几个小时以后就会离开巢穴，再也不回来。其他的雏鸟则会在鸟巢中待到可以跳跃或飞行。

而啄木鸟等在树洞中筑巢的鸟，即使在非繁殖季节也常常睡在树洞里。树洞保护鸟类免受严寒酷暑的影响，更重要的是，不受风吹雨淋。但是树洞也不是绝对安全的。浣熊和猫等捕食者会爬上树，把熟睡的鸟从洞里抓出来，而鸟则无路可逃。树洞中还可能有寄生虫。一些鸟只有在特别冷的夜里才会睡树洞，其他时候则睡在树枝上。幼年的啄木鸟一旦离开鸟巢，它们就会换到废弃的树洞里

睡觉，或者另行凿个新洞，并且会经常更换。

这就是为什么鸟类选择栖息地时，良好的巢址和良好的栖木同样重要。

Q 有一天，我看到我家门廊上，一只小鸟正在薅我家金毛寻回犬（gelden retriever）的毛！它为啥要伤害我的狗？

A 这只鸟并不是要伤害你的狗，它只是搜集易得的毛发，用作筑巢的柔软材料。许多鸟，包括棕顶雀鹀和美洲凤头山雀等，会从死亡或睡着的动物身上拔取毛发，还会拔取马尾上的毛。有一次，我看到一只美洲凤头山雀正在浣熊尾巴上拔毛。浣熊在洞中睡觉，尾巴从洞口伸出来。当山雀拔毛的时候，浣熊几乎没有动弹；突然，浣熊翻了个身，它的尾巴慢慢扭动，而山雀紧紧抓住它的尾巴。最终，山雀成功叼着一撮毛飞走了。

目前有记载的最大的巢是位于佛罗里达州一只白头海雕的巢，深达6米，几乎有3米宽，重量达到3吨。而社会性鸟类所筑的最大的巢当属非洲群织雀的，该巢共有100个房间，直径8.2米，高达1.8米。

鸟巢，甜蜜的鸟巢

多数鸟在首次筑巢的时候，都好像不用事先观摩筑巢过程，就天生知道该使用什么样的材料，以及如何建造鸟巢，也许是因为它们就是在这样的巢中长大的，但它们的筑巢技巧确实会随着年龄和经验的增长而有所提高。火鸡、夜鹰和双领鸻等鸟，就在地上简单挖个坑，用喙随便整理整理形状。拟黄鹂等其他种类的鸟则会用几百根草茎或纤维编造出精致的巢。鸟类筑巢的方式可谓千变万化！下面就介绍一些例子。

游隼在岩壁突出处、悬崖上或者特殊巢箱中筑巢，这些巢箱内部有砾石铺底，因而能吸引它们。雌性并不收集任何材料或花费精力在筑巢上，它们仅仅是在要产卵的地方挖个浅坑，防止卵掉出去即可。

啄木鸟会建造一些具有重要生态意义的巢穴，当啄木鸟使用完毕之后，这些巢可以给其他许多动物提供栖息或筑巢的地方。北美黑啄木鸟可以用喙在硬木上凿出5厘米深的洞，但再深的就无能为力了。因为超过这一深度，它们凿洞时就无法平衡身体形成杠杆。所以北美黑啄木鸟会寻找那些外层坚固但内部已经朽烂松软的树木凿洞。雄性和雌性都会凿出一个足以使自身通过的圆洞，之后继续向内，啄掉并移除朽烂的木芯，在树内挖出一间巢室来。在繁殖期间的白天，雌雄双方都会孵卵和育雏，而在夜间，雄性则会在巢里与卵或雏鸟在一起。

林鸳鸯也在树洞中筑巢，但它们自己并不能凿洞。有时候，林鸳鸯会利用北美黑啄木鸟的旧洞，但更常见的是利用树枝脱落后芯材腐朽自然形成的洞。林鸳鸯也不收集巢材，但雌性会拔下胸腹部的羽毛铺在巢里；它们胸腹部的羽毛在繁殖季节会变得松脱，很容易拔下。

黑顶山雀可以利用绒啄木鸟的旧洞、人工巢箱，或者在桦木、山杨等木质松软树木的朽烂处凿洞筑巢。通常是雌雄共同凿洞，一旦洞凿好了，雌性会在洞内筑巢，将苔藓做成巢的底部和侧边，然后铺上兔毛等柔软的材料。

莺鹪鹩在绒啄木鸟和山雀的旧洞中、人工巢箱中或各种小空间中筑巢。它们已经成功地在旧靴子、口袋、汽车前轴、鱼篮甚至牛头骨中养育了小鸟。雄性会选择所有可以筑巢的小洞，在底部垫上小树枝。雌性会挑选它最喜欢的那个，在树枝铺垫的基础上完成真正的巢，并在里面铺上柔软的材料。

双色树燕在旧的树洞或人工巢箱中筑巢。雌性筑巢，雄性收集羽毛，雌性再将羽毛垫在巢里。

普通潜鸟在水域沿岸或者漂浮物上筑巢。有经验的亲鸟更喜欢漂浮物或者漂浮的人工筑巢平台，因为这些物体会随着水位的升降而升降，不会像水滨的巢一样，因水位升高而被冲走。两性在筑巢中平等分工，它们将巢附近或者湖底的植物丢到巢里，然后坐在巢上，将巢材压成身体的形状。当坐在巢里的时候，它们还会把周围的植物拉过来加在巢上。繁殖季的早期，一对潜鸟大约需要一个星期的时间筑巢，但晚些时候可能就只需要一天了。部分原因是它们在后期的激素水平有所升高，另一部分原因在于后期的植物更加茂盛，还有部分原因是后期它们比较着急，所以后来的巢可能是在别的巢基础上重建的。

雌性橙腹拟鹂建造复杂的悬挂巢一共需要三步。首先，用有弹性的植物、动物甚至人造的纤维搭建巢的外层作为基本的支撑，使用粗糙的纤维它们也不介意。基本骨架完成后，它们从巢的内部开始添加更多的纤维，这时候将弹性更好的纤维编织进骨架的空隙，以维持巢的形状。最后，它们在巢内垫上柔软的纤维。这一过程通常需要一周时间。

家燕是两性合作筑巢，不过雌性参与得更多一些。它们用喙啄取湿泥，并混入草茎做成小圆球，这就是筑巢的“砖”了。每做好一块新的“砖”，它们就马上带回到巢址处加在巢上，首选位置是墙壁等直立结构，或者梁柱顶端、屋檐，以及其他水平支撑物。

它们一点一点垒起狭窄的平台，宽度够它们坐下就行，随后建造内层的侧壁。如果它们的巢是粘在直立的墙壁上，一般会呈半个碗状；如果是建在横梁顶端等其他水平支撑物上，巢就是圆形碗状。雌性会花费很长时间用腹部给巢塑形。一旦泥质的巢搭建好，它们会在里面先铺上草，再垫上羽毛。如果一切顺利，它们3天就能把巢筑好，但有时可能要花长达两周时间，尤其是天气不太合适，收集泥丸比较困难的时候。

美洲河乌生活在美国西部溪流丰富的山区，它们在悬崖峭壁或突出的岩礁上筑巢，有时候也会把巢建在喧闹的瀑布后面。雄性也可能会参与筑巢，但有时只有雌性筑巢。它们喜欢用湿润的巢材。1908年，盖尔（D. Gale）描述了一对美洲河乌在筑巢过程中，雌性拒绝了雄性“散漫”的帮助。雌性“从巢的底部开始建造……通过将底部向上推起形成侧面……外面的纤维……松散地垂下，像干草堆上的草一样，用来引导顶部流下的水。在等待外壁干燥的过程中，它从下往上……插入其他材料……增加整体密度，所有侧壁的边缘最终闭合。建造底层的时候，它将底面压平，举起翅膀，用尽全力将所有缝隙都堵严”。而这一复杂的过程仅需一个小时。

白头海雕通常在产卵前的几个月就开始一起筑巢，虽然有一次筑巢仅花了4天。两性都会收集大根的树枝，不过一般主要是雌性来布置。草、苔藓甚至玉米秸秆都可以用。一旦基本结构建好，它们会铺上铁兰等较为柔软的材料，再铺上羽毛。在每年的繁殖季节，尤其是雏鸟长出羽毛之后，以及下一个繁殖季节之前，两性都会通力合作。一个白头海雕巢可能会用上几十年。一旦夫妻中一方死去，另一方会寻找新的配偶，所以看起来维持了好几年的一对儿，实际上可能已经换过配偶了。

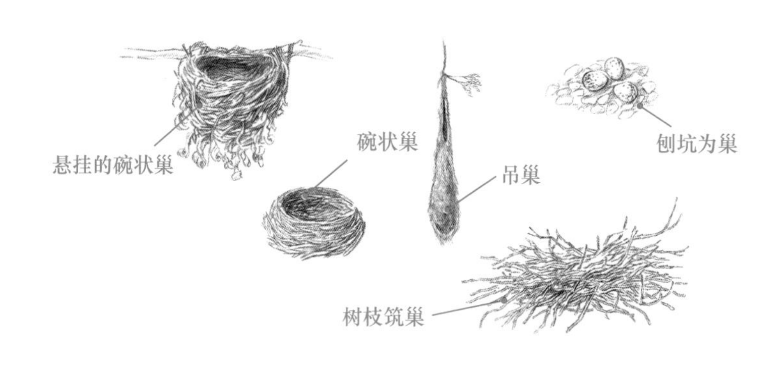

Q **去年春季，我透过百叶窗观察草原松鸡。上午，当草原松鸡要离开的时候，突然有双色树燕飞过来，在草原松鸡跳舞的场地上飞来飞去。是草原松鸡长了虱子吗？还是它们搅起了双色树燕吃的虫子？**

A 草原松鸡在理羽、展示和打斗的过程中会掉落一些羽毛，双色树燕是来捡这些羽毛的。双色树燕用羽毛垫巢，当发现松鸡“晨练”之后会留下很多绒羽，它们就养成了每天在松鸡离开后来检查的习惯。

Q **人工崖燕巢箱一定能吸引来紫崖燕吗？**

A 不是的，紫崖燕的数量在全面地下降，吸引它们到新的筑巢地点是很难的。遵照紫崖燕保护协会的建议，你或许可以提高一定的成功率。如果你确实为它们安置了人工巢箱，请在紫崖燕进入之前，保证它没有被家麻雀占据。在紫崖燕出现之前，把巢箱中的巢材扔出来，并把洞口封上。麻雀是紫崖燕的有力竞争对手，也是紫崖燕数量下降的重要原因。

“公寓式”人工紫崖燕巢箱不能互相连接。如果一个巢中的雏鸟跑出来钻进另一个巢里，它的父母不会跟进去继续喂养它。同时，如果这只雏鸟体型更大并且看起来很饿，另一个巢的亲鸟可能

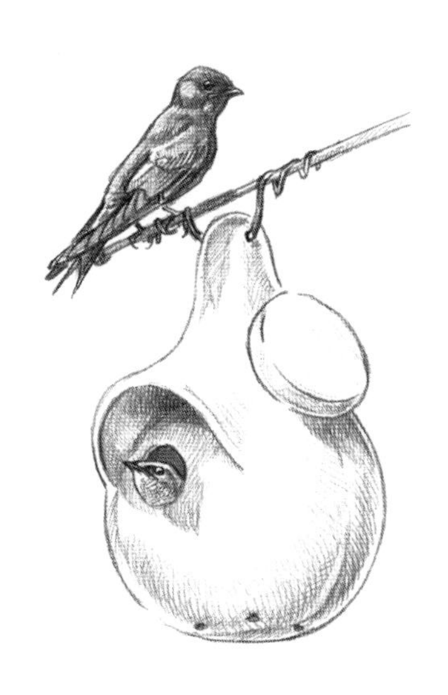

会选择这只雏鸟而放弃自己的雏鸟。这种人工巢箱中雏鸟的死亡率，比完全隔离的巢箱或者葫芦中雏鸟的死亡率要高得多。

Q **救命！我们这里曾经有很多紫崖燕，但它们的数量越来越少，今年就只剩下一对了。家麻雀占用了其余的人工巢箱，我们希望它们能给这对紫崖燕留下一个巢箱，但它们实在是太凶了！我觉得我们可能要永远失去紫崖燕了。我们还能做点什么吗？**

A 家麻雀是紫崖燕最大的麻烦之一。人工紫崖燕巢箱中只要有一对家麻雀，紫崖燕最终就会消失。每年，在紫崖燕回来之前，都应该将巢箱入口封闭。

如果想获得解决家麻雀问题的建议，请访问紫崖燕保护协会的网站www.purplemating.org。

能够温暖鸟卵的“堆肥巢”

从冢雉特殊的巢可以产生热量，不需要亲鸟就可以将卵孵化出小鸟来。雄性用它特大号的脚将落叶、树枝和其他脱落的植物拢在一起，形成一个很大的巢，有时候巢的直径可以达到3.6米、高达1米。巢虽然看起来像一堆乱树叶，却可以像肥堆一样发酵，为鸟卵提供热量。雌性丛冢雉看哪个雄性的巢能够提供更好的孵化环境，就与该雄性交配，并在巢中产卵。雏鸟孵出之后，它们挖洞从巢中爬出，立刻就能够独立生活了。

收集鸟巢是违法的——美国各州和联邦法律都禁止收集鸟类及其羽毛、卵和巢。鸟巢中有时候会藏有螨虫、虱子和马蝇幼虫，所以无论如何，将鸟巢放在室内都不是件好事。

为鸟类提供安全的巢箱

与人类的住房不同，巢箱没有建筑规范，而且市场上很多巢箱是用金属或廉价塑料制成的，无法抵御高温或严寒。并且，许多巢箱入口并不适合所要居住的鸟种。如果鹪鹩或山雀巢箱的洞口大于2.9厘米，麻雀就能进去并杀死雏鸟。当䴓类的巢箱入口大于3.9厘米，椋鸟就可以进入杀死它们。

如果巢箱内部入口下面的木质过于光滑，䴓、鸭子等鸟的幼鸟就无法爬出巢箱。粗糙的胶合板不错，不过你也可以把内部弄出擦痕或者在洞口下面增加一些粗糙的材料。

许多人喜欢选用入口下面有个小平台的人工鸟巢。但鸟类习惯于自然的洞口，啄木鸟的洞也不需要这种小平台，不过这种小平台对麻雀吸引力很大。如果你买到了有这种小平台的巢箱，那就把小平台去掉吧。

鸟类对巢箱可爱的设计无感。把花哨的巢箱用作室内装饰，安置一些依据权威信息制造的巢箱吧。康奈尔鸟类学实验室、自然资源部门或保护部门，以及一些专业组织如奥杜邦协会和美国野生动物保护联盟（National Wildlife Federation）等的网站都是不错的信息来源。

许多鸟从来不进入树洞或者巢箱，只有少部分鸟确实会在巢箱中筑巢。人们通常最喜欢为以下鸟种提供巢箱。

- 美洲隼（巢箱）
- 旅鸫（筑巢平台）
- 横斑林鸮（巢箱，入口很大）
- 鸲类（巢箱）
- 山雀（巢箱或管道）
- 普通潜鸟（筑巢平台）
- 灰胸长尾霸鹟（筑巢平台）
- 灰喉蝇霸鹟和大冠蝇霸鹟（巢箱）
- 莺鹪鹩（巢箱或管状巢）
- 纯色冠山雀和美洲凤头山雀（巢箱）
- 鹗（筑巢平台）
- 游隼（巢箱，砾石铺垫的平台或开放式）
- 蓝翅黄林莺（巢箱）
- 紫崖燕葫芦或有多个分区的（巢箱）
- 鸣角鸮属（巢箱——与林鸳鸯巢箱的尺寸相同）
- 双色树燕和紫绿树燕（巢箱——与鸲类巢箱的尺寸相同）
- 林鸳鸯（巢箱）
- 鹪鹩（巢箱或管道）

鸟类的家庭生活

Q **鸟类看起来对配偶十分忠诚，它们会求偶并与配偶一起养育后代。多少鸟种的伴侣关系是坚守终生的呢？**

A 鸟类的配偶模式在鸟种之间甚至个体之间的差别都很大。天鹅、雁鹅和鹤要在繁殖地和越冬地之间长途迁徙，伴侣双方会一直在一起。雕和隼也要长途迁徙，每年也会与同一伴侣进行繁殖，但目前还没有证据显示它们在繁殖季节过后还会与配偶在一起。

丛鸦完全不迁徙——它们终生都生活在一个非常小的区域里——而且会与伴侣终生厮守。终年生活在同一领地的雌雄热带鹪鹩不仅是终身伴侣，还学会了复杂的二重唱，其中一些鹪鹩配偶的和声简直太完美了，除非听者站在二者中间，否则就无法分辨出这是两只鸟唱的。

另一些鸟的伴侣关系可能有点随意。山雀在冬季集群中会依据等级制度选择配偶：最高等级的雌性与最高等级的雄性配对，第二等级的雌性与第二等级的雄性配对，以此类推。集群成员每年都相对固定，所以一些伴侣可能会持续好几年。但当一只高等级的个体死去导致等级序列变动的时候，配对关系也会随之变化。一些每年会回到同一繁殖地的鸟也会选择同一个配偶。对于旅鸫来说，如果前一年它们繁殖成功，更可能会选择同一个配偶。不过对于许多鸟来说，在下一年还选择同一配偶的可能性是很小的。

许多鸟在整个繁殖季都会与配偶在一起，但有一些种类只与同一个配偶繁殖一窝幼鸟，随后双方分开各自寻找新的配偶。当莺鹪鹩的幼鸟羽毛长齐，雌性通常会离开去寻找新的雄性配偶，而雄性则留下来继续喂养幼鸟，并吸引新的雌鸟前来。而许多鸭类的雌雄双方会在筑巢和产卵期间一直在一起，随后雄性离开，雌性独自孵卵。

一些鸟的伴侣关系维持时间不长。红喉北蜂鸟甚至完全不形成伴侣关系。雄性驱赶其他的鸟类和大型昆虫，保证处于支配地位的雌性来觅食时有足够的花蜜，减少雌性离开卵和幼鸟的时间，这就是雄性提高后代存活率的方式。

火鸡和草原松鸡等鸡形目鸟的雄性通过炫耀来吸引雌性。最成功的雄性会与许多雌性交配。雌性在没有雄性帮助的情况下独自筑巢和抚育幼鸟。有时候，比如在火鸡中，最富有攻击性的雄性赢得的雌性最多，所以雌性可能希望让幼鸟远离暴躁的父亲，直到幼鸟有能力保护自己。

不论是形成终身伴侣还是只在繁殖期成对的鸟，它们在是否会与配偶以外的个体交配方面都有很大个体差异（它们是否会出轨完全取决于自己）。鸟类学家曾经相信，绝大多数伴侣在一个繁殖季内都是忠诚的，但DNA检验显示，所检验的鸟种中，90%以上都有不止一个雄性和不同雌性生了很多窝。“婚外父权”在鸭类和一些燕类中尤其常见，但在丛鸦中则十分罕见。

想要搞清楚为什么不同鸟种（有时候甚至是亲缘关系很近的鸟种）有着截然不同的婚配制度，需要爱好者和鸟类学家们花费许多年的时间。

Q 很多鸟的亲鸟双方在卵孵化以后都会承担起养育后代的责任。那么雄性在孵卵阶段也会帮忙吗？

A 很多种类是这样，也有很多不是。雄性和雌性玫胸白斑翅雀会共同孵卵。一些雄性家燕会大量参与孵卵，另一些则不会，而只有参与孵卵的雄性才会具有孵卵斑——成鸟腹部一块裸露无毛的皮肤，用以向鸟卵传输热量。雌雄潜鸟在日间轮流孵卵，夜间则只有雌性孵卵；而啄木鸟在日间由双亲轮流孵卵，在夜间则只有雄性孵卵。

在雕、猫头鹰、鸦和乌鸦等鸟中，雄性负责觅食并将食物带给雌性，雌性则一直待在巢中，尤其是天气恶劣的时候。一些滨鸟，尤其是瓣蹼鹬类（一种聪慧的鸟类，它们会在游泳时如陀螺般旋转，将食物搅动起来），只有雄性孵卵和育雏，在这些情况下，雌性则承担保卫领地的职责。

有多少鸟种，就有多少种不同的孵卵方式。例如沙丘鹤，雌性孵卵而雄性负责警戒。而与之外表相似但毫无亲缘关系的大蓝鹭，则雌雄双方都长有孵卵斑并且轮流孵卵。

雌性蜂鸟和猛禽的体型比其雄性大，并且这两类鸟，都是雌性孵卵。但体型并不能解释这一现象，因为在雁鹅和大多数拟鹂中，雄性明显比雌性体型大，而雌性依然是孵卵的一方。雄性红翅黑鹂色彩艳丽，在这一鸟种中，只有色彩灰暗的雌性负责孵卵。但对主红雀和玫胸白斑翅雀来说，色彩灰暗的雌性和鲜艳的雄性则都会参与孵卵，并且它们有时候还会在巢中鸣叫。

并不像看起来这么容易

孵卵需要消耗大量的能量，尤其是在环境较冷的时候。例如，雌性雪鸮在产下第一枚卵后就开始孵卵，而且如果它的配偶能够带回足够的食物，它会一口气在巢中待许多天。虽然鸟类孵卵时看起来好像什么都没做，但通常它们的体重会明显减轻，尤其是当配偶供应的食物不足时。

Q 我家小屋旁边的溪流上有个林鸳鸯的人工巢箱，位置很低，我划独木舟经过的时候很容易就能看到里面。去年，我看到雌鸟孵12枚卵孵了好几周——每次我朝里看的时候，它都坐在里面。但突然有一天，它不见了，而所有的卵都破了，里面被清空了。这只雌鸟再也没有回来。这是哪一种捕食动物造成的呢？

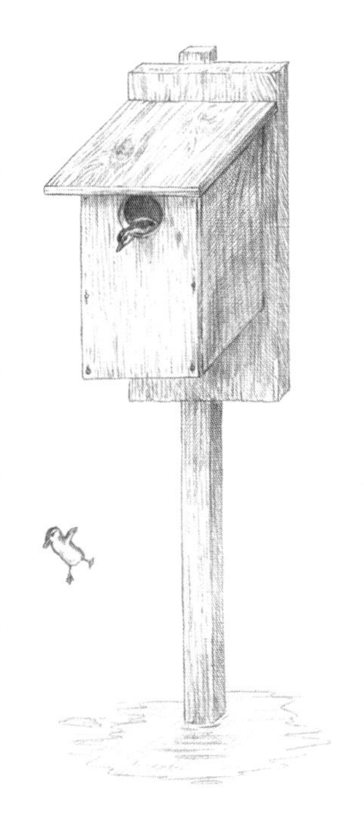

A 这听起来可能是所有的小鸳鸯都同时孵化出壳了。等身体晾干，它们就从巢里跳出来，随着妈妈游入水中，再也不回来，除非其中某只成年之后又选择了这个巢。如果是捕食动物发现了它们，你应该会看到血迹，并且至少有一些裂开的卵中不是空的。

Q 一只雌性主红雀在我家院子里筑了巢，但它不幸撞到窗户上死去了。那些卵会怎样呢？它的配偶会帮忙照顾吗？

A 雄性主红雀也会孵卵，虽然通常主要由雌性孵卵。这一只雄性也许会接手孵卵任务，并独自抚养后代。然而，在这种情况下，一些雄性会放弃这窝卵，去寻找一个新的配偶重新开始。这

种策略可以让它们在这个夏季繁殖更多的后代。如果雄性尝试继续孵化这窝卵并养育雏鸟，那么几乎可以肯定，其中一些雏鸟注定无法成活。单独一只主红雀很难为四五只雏鸟找到足够的食物。如果雄鸟确实放弃了这窝卵，那么花栗鼠、鸦、乌鸦或者松鼠可能会把这些卵吃掉。这很令人伤心，不过好在鸟儿可以应付。

留心周围事物

如果鸟类在你可以触及的地方筑巢了，那么你很难抵抗偷看鸟卵和幼鸟的冲动。偷偷观察是可以的，但如果你对鸟巢过于关注，那么亲鸟可能会弃巢。最好在下午3点左右（这时候亲鸟对幼鸟的喂食活动最少）查看鸟巢，时间要短，并且不能每天都看。

如果你很喜欢找鸟巢、看鸟巢，可以考虑加入“鸟巢观察公民科学项目”（the NestWatch Citizen-Science Project）。该项目由康奈尔鸟类学实验室和史密森尼迁徙鸟类中心（The Smithsonian Migratory Bird Center）共同协调。你可以访问www.nestwatch.org网站获得安全观察鸟巢的方法，并记录下你的观察。你收集的信息具有科学价值，可以帮助科研人员研究鸟类繁殖以及影响其繁殖成败的因素。

Q **为什么我从来没见过鸽子的雏鸟？**

A 鸽子把它们松散的碗状巢筑在裂缝里或者悬崖上。它们一次产两个卵，孵化期为18天。它们的雏鸟，又叫作乳鸽，会安静地在巢里待上两周。孵化后的第18天，小鸽子开始能够走路，会在窝里稍微走走，但在羽毛丰满学会飞行之前（也就是差不多25～32天之间），它们不会离开巢穴，那时候，它们已经长得与父母一样大，但依然需要父母提供食物和保护。

Q **去年夏季，一场暴风雨过后，我们发现一只从巢里掉出来的小旅鸫。我把它放回巢里，但是邻居告诉我，如果它沾上了人类的气味，它的父母可能会拒绝继续喂养它。我不太确定，但在我放它回去之后，亲鸟貌似还在继续喂它。鸟类确实能闻到人类的气味吗？**

A 也许并不能，而且亲鸟并不会在雏鸟被人类触碰之后就拒绝喂养。多数鸟的嗅觉跟我们一样差，甚至更差，而且它们辨别雏鸟的方式与人类一样——根据雏鸟的外表和声音。如果你发现一只未离巢雏鸟（a nesting）——不会跳、不会走、不会飞——从巢里掉出来，而且如果你知道它的巢在哪儿，最好的选择就是将它放回去。

Q 一只哀鸽在我家的吊篮里筑巢了。我没忍住诱惑，给小鸟喂了一些小米，但它们好像受到了惊吓，飞走了。它们还会回到巢里吗？它们的父母能找到它们吗？我很愧疚自己离它们太近了。它们的羽毛确实已经长好了，而且我确定它们已经有两周大了。看起来它们的父母已经离巢一段时间了。今天早上，我听到房子周围有成鸟的咕咕叫声，听起来很伤心——这是父母在寻找孩子吗？

A 别伤心。雏鸟只可能在长大到具有生存能力之后，才会因为察觉到危险而受惊飞走。父母会寻找它们，而且基本都能找到。哀鸽通常在12～14天大的时候离巢，所以它们基本上已经准备好飞走了。

小鸟不会再回到巢里，它们这会儿应该会在树枝上歇息，跟不受惊吓正常离巢时一样。亲鸟可能再次利用这个巢，也可能不用，我们不知道它们如何做出决定。你所听到的成鸟叫声是它们下一次繁殖加速开始的标志，当这一窝雏鸟能够独立生存后，它们就会重新开始筑巢繁殖。

雏鸟的食谱非常特殊，所以人类的“帮助”通常没什么用。哀鸽用“鸽乳”喂养雏鸟，这是一种类似哺乳动物乳汁的物质，由鸽子的嗉囊分泌。随着雏鸟长大，亲鸟逐渐将鸽乳与反刍的种子糊混合起来喂它们，这样当雏鸟开始独自觅食的时候，它们就具有了消化种子的能力。

Q 有人告诉我，照顾雏鸟是犯法的，这是真的吗？

A 是的。当我们发现一只绒毛稀疏的雏鸟挣扎求生的时候，却不能去照顾它，这听起来非常残忍。不过，在这种情况下，如果你尽力保护雏鸟的生命，并找到合法的野生动物救助机构接手雏鸟的话，法律通常会宽大处理。美国本土鸟类受到国家和州一级法律的保护，尤其是候鸟协定法（Migratory Bird Treaty Act）的保护，并不能被当作宠物饲养。

所有种类的雏鸟都有特殊的饮食和照看需求，一不小心就会弄伤它们。而且，就算我们能将雏鸟养活，也无法给予它们亲生父母或者养父母般的教育，这对于它们以后的生存和生活质量保证也非常重要。雏鸟在还不会飞行时就过早地离开鸟巢，人们有时就会尝试喂养它们。但如果雏鸟的羽毛已经长齐，并学会了蹦跳，它们会很快藏起来，通常只有亲鸟能够找到它们并继续喂养。

救助机构一般能知道如何教会雏鸟一些基本的生存和成长技能，但如果能在亲生父母的养育下长大，它们的预期寿命会更长一些。

“我做到了！”

就算是同一窝的小鸟，每一只也会有不同的“个性”。有一天，我花了好几个小时，观察两只雌性北美黑啄木鸟幼鸟跟着父母学习觅食。雄性指出死树上最好的开凿位置，其中一只幼鸟马马虎虎地凿了两下，就开始哀号着扇动翅膀，向父亲乞食。同时，另一只幼鸟与母亲一起站在一个树桩上，那里看起来没什么虫子，但这只幼鸟却凿得很勤奋，有时候还真找到一条虫子，吃之前还玩了一会儿。它的母亲给了它几个虫子，可是这只幼鸟却完全无视。这让我想起我女儿，在她还蹒跚学步的时候我给她穿衣服——她拒绝了我，坚持自己来，她说：“不！凯蒂（Katie）穿！”

Q **为什么小鸟在还不会飞的时候就离开鸟巢呢？**

A 所有的雏鸟都会在保证安全的前提下，尽早离开鸟巢。人们一般会认为鸟巢里很安全，但其实捕食动物很容易就能找到鸟巢并袭击一窝嗷嗷叫的雏鸟，而且温暖潮湿的鸟巢里很容易滋生危险的寄生虫。

有些鸟种在几个小时以内就会离开鸟巢。这些雏鸟会跟随亲鸟，学习觅食，学习在遇到危险时如何避难。但缺乏飞行能力确实让鸭子、双领鸻等的早成雏[1]面临来自所有捕食者的危险，因此，多数具有早成雏的鸟一窝会产下大量的卵，以保证在有生之年至少能有两个后代存活。

那些留在巢中并需要被长时间照顾的雏鸟会消耗亲鸟大量的时间和能量。鹰、鹭，以及一些鸣禽等需要每天从早到晚忙个不停，喂养雏鸟并使它们尽快长到可以离开鸟巢。在离巢之后，雏鸟分散开来，亲鸟每晚带它们到不同的地点，增加它们的生存概率。

还有一些鸟，例如燕、啄木鸟和其他一些在树洞中筑巢的鸟，它们的鸟巢周围并没有可以供雏鸟停息的树枝。对于这些鸟来说，雏鸟在其飞行能力完善之前，会一直待在巢里。

关于鸟卵的一切

Q **鸟类一次会产几枚卵？**

A 这要看是什么鸟种。信天翁和企鹅等鸟每次只产一枚卵。虽然雏鸟体型不同，但红喉北蜂鸟和普通潜鸟一样，每次都产两枚卵。许多鸣禽每次都产四五枚卵，但山雀和莺鹪鹩通常会产

① 译者注：早成雏一出壳就睁眼，全身被绒羽，离巢运动，有较好的体温调节能力，有自己啄食及选择食物的能力。[参见：郑光美《鸟类学》（第二版），北京师范大学出版社2012年版。]

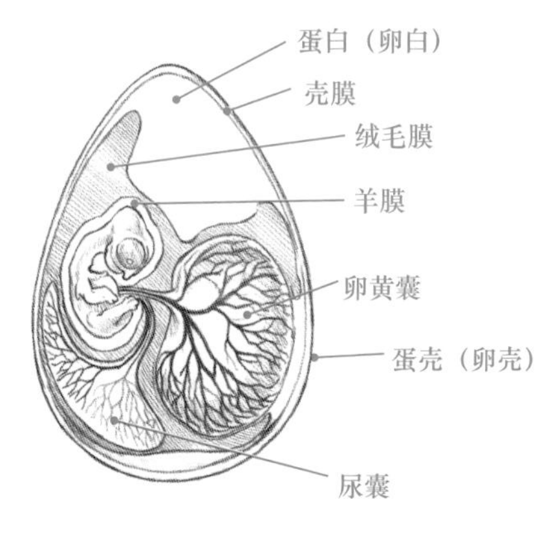

6～9枚卵，而体型更小的戴菊甚至产得更多！鸭子和松鸡一窝可以产至少12枚卵。如果卵在繁殖季的早期被毁，多数鸟会重新开始，但如果时间太迟，它们就放弃这一年了。

许多鸟类是"不定数产卵"，也就是说如果一个一个地取走卵，在很长一段时间内，它们会继续产下更多的卵。人们会利用家禽的这种习性。其实野生鸟类中也存在这种现象。在一次实验中，研究人员每天从北扑翅鴷巢中取走一枚卵（北扑翅鴷通常一窝产6～9枚卵），最终在73天时间内，雌鸟共产下了71枚卵！

Q 鸟卵孵化需要多长时间？

A 这因鸟而异。小型鸣禽的卵只用11天就可以孵化，红喉北蜂鸟孵化需要12～14天，普通潜鸟和许多鸭类的孵化时间大约为28天，但白头海雕要35天才能孵化，而帝企鹅的孵化期则长达65天。

平均来说，生活在热带地区的鸟每窝产卵数量较少。热带地区的鸟寿命相对较长，而温带地区的鸟多生长快速却较早死亡。

Q **卵的哪一部分发育成小鸟呢？**

A 卵黄其实是个很大的细胞，它分裂发育成小鸟。当然，整个卵黄并不是对半分裂的——从卵黄中分裂出来的细胞非常小，这些细胞围绕卵黄发育形成胚胎；卵黄为发育中的胚胎提供营养，体积逐渐缩小。

Q **我家的鸡尾鹦鹉一直在产卵，而它身边并没有雄性。我以为要亲鸟双方合作才能生出小鸟呢。**

A 确实是要雌雄一对鸟儿才能生出小鸟。但在繁殖季节（对于鸡尾鹦鹉来说是一年的大部分时间），不论交配与否，雌性都会产卵。未受精卵，例如我们在店里买的鸡蛋，虽然也有蛋黄和蛋白，但并不能孵出小鸡。

让鸡尾鹦鹉筑个巢并在里面产卵是个不错的主意。一旦它产够一窝卵，就会开始尝试孵化，而不再继续产卵了。如果你每天取走一枚卵，它就会继续产卵。产卵会消耗大量的钙质，所以如果它持续产卵的话，可能就会有点缺钙了。

Q 在密歇根的时候，我发现一枚库氏鹰的卵，位于离巢大约100码（约91.44米）的地上。它摸起来冰凉，但我还是捡起来并给它保温，以防万一（万一里面的小鸟还活着呢）。我想知道，有什么方法能查明里面的小鸟是否还活着呢？

A 想要看到里面的胚胎，你可以对着光查看鸟卵；将鸟卵背对光源，让光线从卵中透过。但请不要尝试孵化这枚卵。如果它是被丢弃的，那里面的胚胎多半已经死掉了。很有可能是亲鸟发现其他的卵都已经孵化了而这枚卵还没有时，将它扔出来的。如果是其他的情况，例如一枚被捕食动物扔下或因为暴风雨等意外掉出鸟巢的活卵，它能够孵化出一只健康雏鸟的概率也很低。摇晃、落地撞击，以及随后的低温，都会对发育中的胚胎造成不良影响。

别惊动睡鸟

水鸟有时候会在水里睡觉，有一些也在树枝上或者洞里睡觉。一些鸟可以进入半睡半醒的状态——它们闭上一只眼睛，半边大脑进入睡眠，同时用另外半边大脑和眼睛留意天敌。

多数鸣禽会寻找隐蔽的树枝或树洞，立起下层的绒毛，头朝后，将喙插进后背的羽毛中，然后闭上眼睛，睡个好觉。

第三部分

鸟类的生理机能

大揭秘：鸟类的内部结构

当我们坐下来面对感恩节的火鸡大餐时，我们的脑海中充满了关于家庭和愿望的想法，但也许有那么一瞬，我们会抑制不住地去思考，为什么火鸡既有深色肉也有白色肉，而雁鹅却只有白色肉？砂囊是干什么用的？为什么我们从来没见过火鸡的肺？

不论我们是对鸟类的食物存有疑问，还是想知道秃鹫如何在高海拔地带呼吸，或北鲣鸟怎么能以每小时60英里（约每小时96.6千米）的速度扎入水中，鸟类的内部结构如此神奇，让我们不禁产生各种问题。

从内部结构看生理机能

Q 有一次我在游船上的时候，船上的博物学家指向一只北鲣鸟，它正在高空中飞行，突然俯冲并像子弹一样扎入水中。在高速入水时它是如何保护自己不受伤的呢？

A 北鲣鸟及其近亲鲣鸟，都能从120英尺（约36.6米）的高空直冲入水中，撞击水面时的速度可以高达每小时60英里（约每小时96.6千米）。为保证在冲击中不受伤，它们接触水面时，尖锐喙部的尖端会首先入水，随后流线型的身体也进入水中。它们的头骨和胸腔格外结实，呼吸系统结构特殊，皮肤和肌肉之间有很多小囊，这些都能够缓和入水时的撞击震荡。它们的外鼻孔可以关闭，而紧邻喙部的“第二鼻孔”被可活动的皮瓣覆盖，在入水的瞬间也会关闭。它们能在空中看清水下的鱼群，并能在潜入水下后继续跟踪，这得益于半透明的眼睑——瞬膜——对眼睛的保护。

Q **当我去祖父家农场里玩的时候，他杀了一只火鸡做晚饭，并给我看火鸡的内脏。我找到了火鸡的心脏、胃、肝脏和肠子，却找不到肺。它的肺在哪儿呢？**

A 鸟类的新陈代谢率很高，在长距离飞行的时候会消耗大量的能量，所需要的氧气也比哺乳动物多很多。哺乳动物的肺脏很大且重量很轻，但其位置却正好对应鸟类高效飞行所需要的重心位置。鸟类的呼吸系统极度特化，与众不同，因此它们从吸入体内的空气中摄取的氧气比我们能够摄取的多得多。为实现这一目的，鸟类的肺是小而扁平的，质地比较硬，也不能扩张。火鸡的肺就在那里，完美地贴合在它的肋骨背面，非常扁平，完全不是你想象中的样子。

当鸟类吸气的时候，气管中的气流被分开，其中一小部分直接进入肺内，并立即完成氧气和二氧化碳交换，随后进入身体前部的气囊。当鸟类呼气的时候，前部气囊内的低氧空气经气管和口鼻呼出体外，就像风箱一样。大部分吸入的气体经气管进入身体后部的气囊，当鸟类呼气的时候，这些气囊中的新鲜空气进入肺进行气体交换，之后经气管呼出体外。

与哺乳动物肺泡内停留着混合了二氧化碳的气体不同，任何时候经过鸟类肺的气体都是新鲜的。鸟类活着的时候，这些气囊是很大的，它们所占据的绝大部分空间都处在位于鸟类身体重心位置的那些相对较重的器官后面。

当鸟类死亡的时候，器官和皮肤的重量加上外界气压会将多数气囊压扁，所以通常你不太容易看得到火鸡的气囊。除非，你插一根管子到火鸡的气管里并吹气——随着空气经过肺脏进入气囊，你就能看到这些气球般的结构了。

Q **当我看IMAX版的电影《珠穆朗玛峰》（*Everest*）时，我注意到在峰顶有一只乌鸦似的大鸟。在那个地方几乎所有的人都需要借助器具吸氧，鸟类是如何在这样高海拔的地区呼吸的呢？**

A 问题的实质不是在高海拔地区呼吸，而是当空气中的氧气含量很低时，如何将氧气摄入血液并将二氧化碳排出。为此，鸟类的肺设计得结构独特，由许多交叉的微气管以及与之平行的毛细血管组成。微气管中的气流恰好与平行的毛细血管血流流向相反，这使得血液从气管中摄取氧气和排出二氧化碳都非常容易。鸟类的肺中所有的气管都是相通的，鸟类的肺完全没有空气隔层，即没有像哺乳动物进行空气交换的肺泡。

呼吸系统的目的只有一个，就是让所有的细胞获取足够的氧气，并与循环系统共同实现这个目的。善于飞行的鸟的红细胞比不怎么飞行的鸟的红细胞体积小。这很重要，因为细胞体积越小，其可用于气体交换的总的表面积就越大。

与人类运动员为了增加红细胞而在高海拔地区进行训练一样，在高海拔地区或实验室低气压条件下生活的鸟会产生更多的红细胞。鸟类红细胞中的血红蛋白比哺乳动物的略少，但其携氧能力更高。

顺便说一下，你在电影中看到的那些鸟，是黄嘴山鸦。

心率和呼吸频率

与哺乳动物相比，鸟类每次呼吸都会吸入和呼出大量的气体，因此它们的呼吸频率比同体型的哺乳动物要低很多。体型最小的蜂鸟每分钟呼吸250次，而最小的鼩鼱每分钟则要呼吸800次。当然，鸟类飞行时的呼吸频率比休息时高得多：鸭子休息的时候每分钟呼吸14次，而飞行时呼吸频率则高达每分钟96次。

鸟类循环系统摄入氧气的高效率还反映在它们快速的心跳上。哺乳动物平均的心率是呼吸频率的3倍，而鸟类的心率是呼吸频率的7倍。山雀在休息时的心跳是每分钟500次，飞行过程中的心率则要加倍。为了有效地泵出血液，鸟类的心脏比同体型哺乳动物的心脏要大一些，而体型小的鸟的心脏相对体积也比体型大的鸟的要大。同样，生活在高海拔地区的鸟，其心脏也比生活在低海拔地区的亲缘鸟种的要大。

Q 为什么鸡和火鸡的胸肌是白色的，而鸭子和雁鹅全身的肉都是深色的？

A 鸟类和哺乳动物都有两种肌肉：白色的“快速”肌纤维，和红色的“慢速”肌纤维。红肌纤维虽然收缩得没有白肌纤维快，但红肌纤维的细胞内富含线粒体，并有大量的血液提供丰富的氧气，因此红肌纤维的持久性更好。适应长距离行走或游泳的鸟，例如火鸡、鸡、鸭子、雁鹅等，其腿部富含红肌纤维；适应连续飞行的鸟，例如鸭子、雁鹅、鸣禽和蜂鸟等，其翅膀和胸肌多数甚至全部是红肌纤维。多数鸟的红肌纤维比白肌纤维多，一些蜂鸟和家麻雀甚至全部肌肉都由红肌纤维构成。

白色肌肉（简称白肉）由快速收缩的白肌纤维构成，但通常也含有少量的红肌纤维。火鸡和松鸡等鸡型目鸟的胸部通常含有白肉，能够快速收缩，让它们能够突然起飞。但这种肌肉持续收缩的能力较差，所以野生鹑鸡有时候飞1英里（约1609.3米）就累了。

“深色肉”中的红肌纤维能够维持更为持久的活力，用途更广一些，但缺点是需要更多的营养和更丰富的血管。鉴于鸡型目鸟很少进行长距离的飞行，质量轻、续航短的白肌纤维更适合它们，因而其肌肉呈现白色。而鸭子和雁鹅需要进行持续的游泳和飞行，所以它们完全没有白肉。

家养的鸡和火鸡经过选育，在总体肌肉含量增加的同时，白肉中还含有更高比例的白肌纤维。所以野生火鸡的肉色也许比家养的火鸡要更深一些，但依然是白肉。

Q **我很善于模仿鸟类的鸣叫，但是有一些鸟的叫声却完全无法模拟，比如棕林鸫。我完全无法模仿它们婉转复杂的鸣叫。它们是怎么发出这种叫声的呢？**

A 鸟类是利用“鸣管”发声的，该结构位于气管的基部和两个支气管的顶部。通过控制鸣管的肌肉，一些鸟可以用左侧支气管发出一种鸣叫，而通过右侧发出另一种，形成和声。鸫类拥有最复杂的鸣管肌肉，这也就是它们的声音听起来如此美妙的原因。

Q **当我听说潜鸟在海上过冬的时候，我震惊了。它们是如何活下来的？它们能喝咸水吗？**

A 是的，当潜鸟在海上的时候，它们可以喝咸水为生，这是因为它们有一种特殊的腺体可以从循环系统中排出多余的盐分。潜鸟刚孵化出来的时候是淡水鸟，吃淡水鱼、喝淡水，直到它们第一次迁徙为止。当潜鸟尝到第一口咸水，就会“唤醒”眼睛附近的两个腺体，开始从体内排出盐分。盐分通过鼻腔的通道，以浓稠的泪液或黏液的形式排出。我们人类通过肾脏和汗腺排出多余的盐分，而我们的眼泪跟身体组织的含盐量是一样的。由于盐分排出之前经过浓缩，所以潜鸟冬季的眼泪含盐量比我们人类的眼泪和它们其他身体组织的含盐量要高很多。当春季潜鸟回到淡水区域时，它们的盐腺也随之萎缩。如果潜鸟在夏季流泪的话，它们的泪并不

“骨中之诗”（a poem in bone）

这是19世纪的鸟类学家艾略特·科兹（Elliot Coues）对鸟类头骨的称呼。所有的鸟类都有喙，但其形态却呈现出对环境适应的高度差异化。

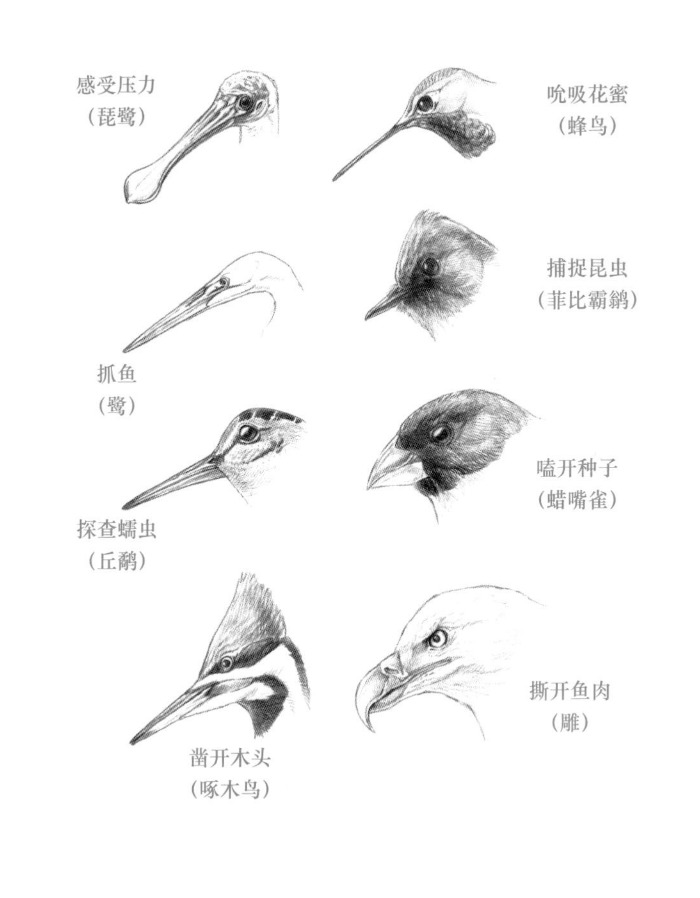

比我们的咸多少。

一些信天翁之类的海鸟有很大的盐腺，通过特殊的长鼻孔排出盐分，信天翁、海燕和鹱等海鸟也因此被称作"管鼻类"。额外的盐分可以像潜鸟那样滴出来，也可以经由特化的鼻孔被擤出来。

虎皮鹦鹉（我们熟悉的作为宠物的长尾小鹦鹉）等一些生活在岛屿上的鸟也有很大的盐腺。野生的虎皮鹦鹉生活在澳大利亚的内陆沙漠中，以饮用水洼中的卤水为生，因而也需要盐腺来排出多余的盐分。

消化组织

Q 我曾经在自家草坪上见到一只旅鸫雏鸟。附近有只猫，所以我把它捡起来放在灌木上，觉得那里可能安全一些。当我拿着它的时候，它张开了嘴向我乞食。我惊讶地发现它嘴的内部是亮黄色的。更奇怪的是，上颚有一个怪异的图案，中间有一些看起来像锯齿状钻石的东西。那是什么？

A 包括旅鸫在内的许多雏鸟嘴巴内部颜色都很鲜艳。这种鲜艳的颜色能够刺激亲鸟给它们喂食。你在小鸟上颚看到的是它的鼻腔通道和咽鼓管。当鸟类通过鼻孔呼吸时，空气经鼻腔进入咽部，这个口腔底部的宽大空间下面连接着气管。

Q 鸟类没有牙齿，对吗？它们是如何咀嚼食物的呢？

A 是的，鸟类没有牙齿。它们用喙叼住食物吃下，但实际上它们在吞下食物之前并不需要咀嚼。鹰利用尖锐的喙将食物撕开，然后直接吞下大块的肉。燕雀和麻雀的喙就像坚果钳子，能打开坚硬的坚果或种子，再整个吞下。吃种子的鸟口内有许多黏液腺，在吞咽种子前起到润滑作用，还有唾液腺能够分泌消化酶，以开始消化过程。

我们人类有吞咽反射（呕吐反射），阻止我们咽下还没有嚼碎的食物，但鸟类没有，即使很小的鸟也能吞下足以噎到我们的大块食物。迷你的棕榈鬼鸮可以整吞一只鹿鼠，而大蓝鹭可以吞下一大条鱼。吃小颗粒食物的鸟，例如那些食虫的类群，可能有相对较细的食道；而那些吞大块食物的鸟的食道弹性很大，可以容纳下大块的食物，并且它们颈部的皮肤也有很大弹性。

Q **我知道有一道中国美食叫“燕窝羹”，这些燕窝是由唾液形成的，这是真的吗？**

A 是的，用于做羹的燕窝是亚洲金丝燕的胶状唾液硬化形成的碗状巢。目前最常采集的是爪哇金丝燕和大金丝燕的巢，多发现于中国南方以及东南亚的海岸和内陆地区适合的洞穴。一只雄性金丝燕平均需要35天建造一个巢，它们用胶状的唾液将初步消化的海藻粘在洞穴壁上，形成浅碗状的巢。这种巢富含钙、铁、钾和镁等元素。

许多海鸟会将很大的鱼整只吞下，以至于几个小时以后，鱼头已经开始在胃里慢慢消化，而鱼尾还含在鸟嘴里。

采集做羹用的燕窝是一件既困难又危险的事。将藤条编制的软梯从洞穴壁上垂下，采燕窝的人爬上这些晃晃悠悠的软梯，再沿着竹梯慢慢移动，在离地面200英尺（约61米）的高空，小心取下粘在洞穴顶部的燕窝。

燕窝每年采集两次，第一次在金丝燕筑好巢尚未产卵时。巢被采集后，雄性会再次筑巢，这次会让金丝燕繁育幼鸟。待雏鸟羽毛丰满，全家飞离巢穴之后，工人们再次采集燕窝。金丝燕无法人工圈养，它们的巢也十分小巧，这导致燕窝具有极高的商业价值。1磅（约0.5kg）“白燕”（爪哇金丝燕的巢）价格约为1000美元，而1磅“血燕”（颜色有可能来自爪哇金丝燕所吃的昆虫）价格可以超过4000美元。大金丝燕巢则价值不高：其巢中黑色源自大金丝燕筑巢时在唾液中混入的羽毛，而在做汤之前则需要将羽毛从燕窝中摘除，这既费时又费力。

四种北美雨燕中的三种也用胶状的唾液将巢粘在一起，再粘在烟囱、空树或其他结构的壁上，但是它们的巢由树枝、松针、杂草之类构成，几乎无法食用。黑雨燕几乎不用唾液筑巢，它的巢就是一个用泥巴和苔藓粘成的浅碗，挂在沿海悬崖或山腰瀑布后面。

而灰噪鸦的唾液还有另一个不寻常的用处，灰噪鸦用大量的唾液把大块食物裹起来，储存在树上。研究人员推测，唾液可以帮助固定食物，还可能有一定的防腐作用。

Q 为什么鸡等人工饲养的鸟需要将食物与碎石一起吞下？野生鸟类也需要砂石来帮助消化吗？

A 鸟类与哺乳动物一样，需要将食物消化成液体状态才能吸收，这一过程主要在胃内进行。鸟的胃有两个室。食物首先进入前胃，其中的消化腺分泌大量强酸来分解食物。随后食物进入砂囊，强有力的肌肉在此将食物压碎。

以大颗粒或厚壁种子为食的鸟，砂囊尤其强壮，例如火鸡、鸭子、天鹅、鸡、麻雀和燕雀等。种子必须被彻底碾成粉末才能消化。因此，多数以种子为食的鸟会吞食砾石，这些砾石会留在砂囊里，直到随着食物消化过程被慢慢溶解和磨碎。

如果你有机会摸到一只刚吃饱的鸡，可以将耳朵凑近它的胃，听一下研磨食物的声音。

一些砂砾中含有有用的矿物。例如，宠物鸟砂囊中的海螵蛸在研磨食物的同时会缓慢溶解，这一过程会释放钙质到鸟类的血液中。同样，许多野生的鸟类，从潜鸟和天鹅到麻雀和燕雀，都会吞下砂石帮助消化，并借此获取必需的矿物质。

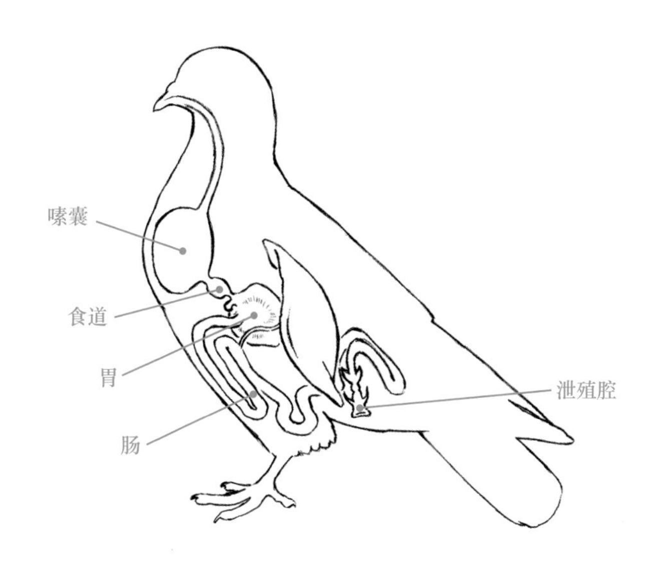

Q 我听说铅中毒是许多鸟都面临的严重问题，这到底是为什么呢？

A 鸟类吞下的多数砂石都富含钙等矿物质，既是营养物质来源，又能辅助消化。不幸的是，一些鸟会误吞下子弹、小铅

弹或鱼线铅锤的碎块。随着这些物体在砂囊中逐渐溶解，铅元素也进入了鸟类的血液中，使鸟类变得虚弱，晕头转向，并常常导致死亡。水鸟尤其受到铅中毒的严重影响，因此美国政府在1991年禁止在水鸟狩猎中使用铅弹。但在多数地区，铅弹依然在狩猎松鸡和雉鸡等高地猎鸟的活动中使用，猎人也被允许使用铅弹猎取鹿和其他大型猎物。

被铅弹打死的雉鸡和其他高地猎鸟有时不会被猎人拾取，秃鹫、雕等以此为食的食腐鸟就会铅中毒。还有那些吃大块鹿肉或内脏的鸟，也会吞下铅弹或碎片，这些物质留在砂囊里，慢慢溶解，毒害鸟类。

放归野外的加州神鹫最常见的死亡原因就是铅中毒。化学分析显示，它们体内的铅元素与制造子弹的铅相同。因此，2007年，加州通过了一项法律，要求猎人们在加州神鹫的觅食范围内猎鹿时要使用铜子弹。

许多科学家和保护学者认为，鉴于其他非濒危的动物也会误摄入铅，应当禁止铅弹在任何狩猎活动中使用。新研究在猎人们食用和捐献出售的鹿肉中也发现了大量的铅元素，因而这一提议也得到了人类健康倡导者的支持。

猫头鹰为什么会吐食团?

猫头鹰的食物经胃腺消化之后进入砂囊，砂囊将可食用的部分挤压进入肠里，剩余的不能消化的骨骼、羽毛、牙齿等留在砂囊中。当所有液体都从砂囊中挤压出去之后，剩余的部分以食团的方式吐出。鹰、乌鸦、夜鹰、鸥及其他一些鸟也偶尔吐出由无法消化的食物残渣构成的食团，也有时候每天都吐，但猫头鹰的食团是最致密的。

在猫头鹰日间休息的树下可以收集到食团，这些食团可以帮助观鸟者寻找猫头鹰可能出现的地方，也能够为寻找小型哺乳动物的研究人员提供线索。这些调查还有助于农民制定农业危害防治策略。

由于猫头鹰经常一两口就吞下小型猎物，一个食团中通常含有一具完整的骨骼，很容易识别。而鹰则习惯把食物撕碎分开吃，吃下的骨头较少，并且它们的胃分泌的消化液比猫头鹰的酸性更强，会把许多骨头溶解掉，因而它们的食团里面就没有多少骨头。

为获得敏锐的双眼视觉及精准的眼部肌肉控制，鸟类的眼球和大脑体积都很大，这样大的眼睛和脑袋都要容纳在头骨里。因为它们的食物是在砂囊中被碾碎的，鸟类既没有牙齿，也没有固定牙齿的骨质下颌。

Q

鸟类的肠子与人类相比如何？是更短还是更长？

A

以花蜜、蠕虫或肉类为食的鸟，通常具有很短的肠道，但需要消化草、其他植物和谷物的鸟具有相当长的肠道。鸵鸟主要吃草和种子，它们的小肠长达14米，是人类小肠长度的2倍。

当然，需要飞行的鸟不能太重，为了减轻身体重量，它们的消化过程快速而高效，以缩短食物在肠内停留的时间。鸟类的肝脏（体内最重的器官）和胰腺都很大，而且位于身体的重心位置。肝脏和胰腺分泌大量的消化液，能加速消化过程。营养物质吸收后剩余的食物残渣进入泄殖腔，在鸟类排便时排出体外。

雪松太平鸟吃下浆果16分钟后，种子就随粪便排出体外了，接骨木浆果的种子只需要30分钟就可以通过鸫类的消化道。灰伯劳能在3小时内消化完一只老鼠，而地中海地区的“秃鹫”或胡兀鹫能够在一两天内消化完牛的脊椎。

Q 鸟类的粪便为什么是白色的?

A 你可能没有特别仔细地观察过鸟类的粪便，但如果有机会观察的话，你会发现鸟类的粪便通常由两种不同的成分组成。棕色或深绿色的部分是食物残渣或粪便，是食物经过消化系统后的残余。而白色的部分实际上是尿。

我们的泌尿系统过滤血液中的杂质，这一过程在我们出生之前就开始了。哺乳动物以尿素的形式排出废物，这是一种清亮的黄色液体，有很高的毒性，需要大量水来稀释。鸟类和其他从卵中孵化的动物以尿酸的形式排出由肾脏过滤出的废物，尿酸浓缩后会形成白色的沉淀析出，不需要消耗大量的水。

Q 鸟类飞行中也会排便吗?

A 鸟类一般会在起飞前或起飞时排出粪便，而再次形成粪便需要一定的时间，所以在短距离飞行的时候它们是不排便的。但是在几分钟以上的飞行过程中，它们确实会排便。通常，如果它们飞得很高很快，粪便早在到达地面之前就碎成小块、消失在风中了。

小心"天尿"

一些喝下大量液体的鸟，例如蜂鸟，也会像人一样产生尿液。蜂鸟的粪便通常是较为清亮的液滴，只有很少量的固体残渣悬浮其中。人工饲养的蜂鸟只吃糖水的话，是活不久的，但如果能够活下来，它们会只排尿，没有粪便。

海鸟、鸬鹚、鸥和其他一些鸟，在吃鱼的时候会摄入大量的水分，它们也不产生尿素，但它们的排泄物中尿酸比固体残渣要多很多。那些大块的白色鸟粪价值很高，当这些鸟类大量聚集的时候，它们所排出的鸟粪可以被人类采集用作氮肥和磷肥。雁鹅吃的草很多，它们产生的固体残渣（多是不能消化的植物细胞壁，保持了其原有的颜色和硬度）也比尿多。

从很久以前开始，美洲绿鹭、夜鹭和美洲麻鳽就被称为"shite-poke"（屎袋子）。当18世纪70年代首次使用这个词的时候，"shite"可能与当今"shit"同义，这个词用来形容鸟类在起飞前先喷出一大股粪便的习性，倒是很贴切。

关于爪的真相

Q 不论是在现实生活中还是在图片上，我看到的猫头鹰都有两根前脚趾。但上周，我在路上捡到一只死猫头鹰，发现它有3根前脚趾。它是突变了吗？

A 没有，所有的猫头鹰都有3根脚趾朝前，一根朝后。你看到树上的猫头鹰只有两根前脚趾，是因为其中一根前脚趾是对生的，类似我们的拇指，当猫头鹰站在树枝上的时候，这根脚趾转到了后面。

还有一种猛禽也具有这个特征，就是鹗。鹗的脚趾特化，适应抓鱼，脚底覆盖一层称为骨针的乳头结构。当它们抓鱼的时候，两个朝前的脚趾与后脚趾和对生脚趾相互平衡，紧紧抓住鱼的身体防止其逃脱。

白头海雕的脚上没有鹗的这些特化特征。当白头海雕抓鱼的时候，它两脚的三根前脚趾抓住鱼身体的一侧，单独的后脚趾抓住另一侧。雕的爪强壮有力，具有长而锋利的爪子，但如果鱼用力挣扎，依然有可能挣开白头海雕单独的后脚趾，迫使白头海雕改变抓握方式。有时候，鱼就在这一瞬间掉落了。不过白头海雕也吃腐肉，也会偷窃鹗抓到的鱼。所以，尽管没有那么特化，但它们有更大的选择范围。

我在课堂上讲鸟的时候经常遇到有趣的事。一次我跟学生们解释白头海雕抓的鱼有时候会掉落，一个五年级的小男孩举起手，告诉我他那个夏季抓到一条玻璃鲈鱼的故事：“那条鱼身体一侧有6个爪印，另一侧有两个，我告诉我妈妈这好像是鹰爪印。但她说我想象力太丰富啦。”我告诉他，他这是做了一次厉害的法医鉴定。这时候，他可高兴了。

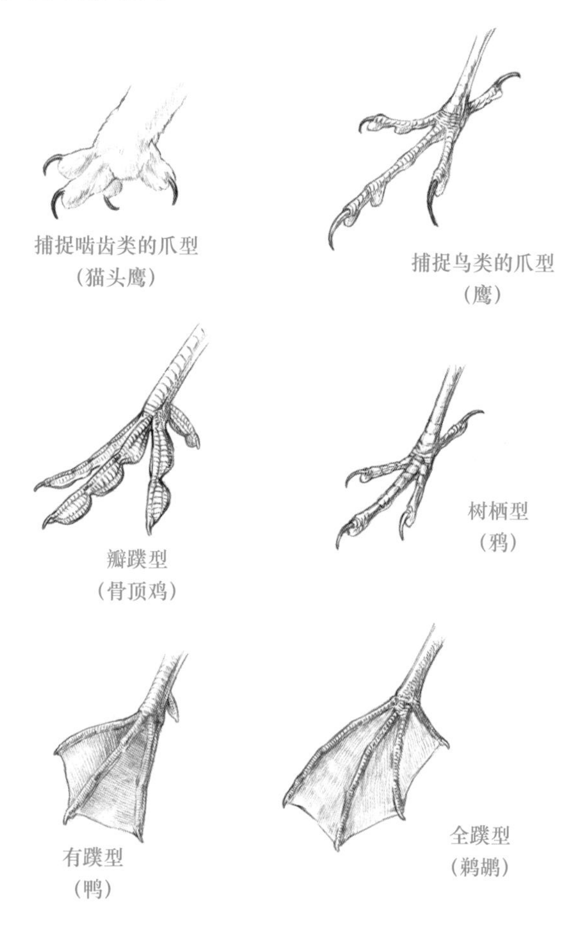

1987年3月30日，阿拉斯加航空公司的一架喷气式飞机在空中撞上一条鱼，被迫临时停机。当飞机在跑道上加速的过程中，飞行员突然看到几只雕从飞机上方飞过，他看到飞机的路径位于鸟群下方并无危险，刚刚松了一口气，结果一只雕突然受到惊吓扔下了鱼，鱼重重砸进了驾驶舱顶部的小窗。幸运的是，乘客、机组和雕都平安无事，飞机损伤也不大。遭殃的只有那条鱼。

Q **大蓝鹭与沙丘鹤看起来很像，但有人告诉我：它们并不是亲戚，这要从它们的脚说起。这是真的吗？**

A 鹭和鹤表面上看起来确实很像；但是它们进化的路线完全不同，而且它们的脚有重要的差别。鹭在树上筑巢和栖息，它们的后趾长而有力，能够抓握树枝。鹤在地面筑巢，从不上树，它们的后趾不仅很小，位置也偏高，完全不能用于抓握。如果你看到沙地或泥地上的脚印，脚趾长而无蹼，你就可以根据后趾的痕迹来判断这是鹭还是鹤的脚印了。

长命百岁的鸟

多数鸟活不到一周岁。成长道路上的危险实在太多，所以鸟类会生育大量的后代，以期在有生之年可以有人接班。

一旦鸟活过了生命的第一年，学会了如何在四季变化中生存，它可能会活得久一些。如果一只鸟被美国鱼类和野生动物保护局环志，并随后被重捕或者死后被发现，我们就能知道它们活了多久。截至2008年2月，美国地理调查局鸟类环志实验室（Geological Survey's Bird Banding Laboratory，位于美国马里兰州劳雷尔市）所记录的10种寿命最长的鸟类是：

- 黑背信天翁　　50年8个月
- 黑脚信天翁　　40年8个月
- 黑腹军舰鸟　　38年2个月
- 白燕鸥　　35年11个月
- 乌燕鸥　　35年10个月
- 漂泊信天翁　　34年7个月
- 北极燕鸥　　34年
- 红尾鹲　　32年8个月
- 黑眉信天翁　　32年5个月
- 北极海鹦　　31年

所有以上十大寿命最长的鸟都是终生生活在海上的，但有一些内陆鸟种活得也很久。以下是一些随机选取的记录，展示了已知的从最短到最长的鸟类寿命。

- 走鹃 3年
- 杂色鸫 5年
- 橙胸林莺 8年
- 棕林鸫 8年
- 莺鷦鷯 9年
- 红喉北蜂鸟 9年
- 美洲金翅雀 10年
- 东蓝鸲 10年
- 黄林莺 10年
- 橙腹拟鹂 11年
- 美洲燕 11年
- 黑顶山雀 12年
- 双色树燕 12年
- 旅鸫 13年
- 大冠蝇霸鹟 13年
- 美洲凤头山雀 13年
- 短嘴鸦 14年
- 美洲隼 14年
- 小嘲鸫 14年
- 家麻雀 15年
- 主红雀 15年

▶ 褐头牛鹂	16年
▶ 暗冠蓝鸦	16年
▶ 红头美洲鹫	16年
▶ 冠蓝鸦	17年
▶ 灰嘲鸫	17年
▶ 东美角鸮	20年
▶ 大蓝鹭	24年
▶ 绿头鸭	26年
▶ 环嘴鸥	27年
▶ 白头海雕	30年
▶ 加拿大黑雁	30年
▶ 美洲鹈鹕	31年
▶ 哀鸽	31年
▶ 沙丘鹤	31年

旅鸽每年可以繁殖3窝，平均来说，其中只有40%能孵出小鸟，而对于羽毛长成的那些，只有1/4可以活到11月。从那时起，每年活着的旅鸽中有一半可以活到下一年。尽管最幸运的旅鸽可以活13年，但就整个种群来说，平均每6年就会更新一次。

Q **鸟儿在树上睡觉的时候为什么不会掉下来呢?**

A 当鸟类弯曲腿部站在树枝上时，小腿的肌腱拉伸，自动牵引脚趾抓住树枝，并固定这种姿势。这种无意识的动作称为“栖息反射”。

应对寒冷

Q **鸟类在冬季是怎样保暖的呢？尤其是在温度降到零度以下的时候，如何保暖呢?**

A 鸟类的身体类似一个隔热良好的小屋。它们的外层羽毛能够隔绝湿度和冷风。它们的内层羽毛（或称下层羽毛）之间含有大量空气，形成隔热层，保持身体热量。在秋季，随着气温的下降，生活在北方的鸟会长出额外的下层羽毛。它们在睡觉的时候，羽毛竖起，将隔热能力最大化，正如我们将睡袋内胆拍打松软一样。

如果没有暖气，即使最保暖的房间也是冰冷的。鸟类有两种热源——它们的肌肉活动和新陈代谢。这两种方式都会燃烧从食物中摄取的能量，产生热量。鸟类只有在能够获得足够的高热量食物来维持体温的时候，才能在北方的冬季存活。这很难办，它们生存的地区越往北，需要撑过的寒夜越长，每天可以觅食的时间就越短。

在寒冷的夜晚，山雀休息的时候，会关闭身体的温度调节系统，让正常是38℃的体温降低到28℃。这能够节约能量，正如我们关闭房间的温度调节器一样。当它们在冬季的早晨醒来，会马上开始颤抖。这种快速的肌肉活动很快就能将体温升高到正常水平。

一些北方鸟种应对寒夜的另一个策略是互相挤在一起。山雀不会这样——它们都单独睡在自己的窝里，但蓝鸲、旋木雀和小鸸有时候是这样的。

朱顶雀的视网膜上的视杆细胞比其他许多鸣禽更多，因此它们在光线昏暗的时候看得更清楚。它们在天亮之前就开始觅食，一直到太阳落山还在拼命吃。它们的食道周围有发达的小囊，可以在天黑的时候装下许多种子，以作为维持夜间新陈代谢的能量来源。

Q 鸟类的脚不会受凉吗？

A 实际上，鸣禽类的脚确实是很凉的，当它们的核心温度维持在30℃的时候，脚趾的表面温度可能只是稍高于冰点。但是鸟类的脚一般不会冻伤，因为它们脚部的细胞中液体很少，并且它们的血液循环很快，血液并不会在脚部停留很久以至于冻结。

我们不知道鸟类是否会觉得脚冷。但我们确实知道它们脚部的痛觉感受器很少，并且它们腿脚部分的循环系统是双向逆流的——动脉和静脉相互紧邻，回流的静脉血被流向脚部的动脉血暖热。脚部低温的动脉血减少了热量的散失，而温暖的静脉血流回身体，防止鸟类被冻僵。

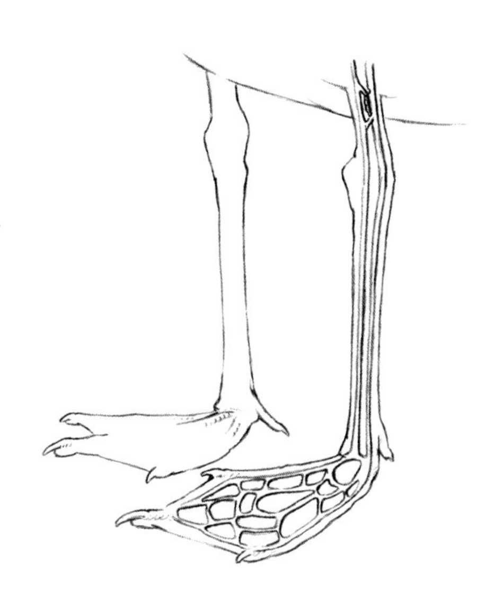

宝贝儿，外面很冷的！

我曾经在明尼苏达州的北部住过25年以上，对冬季感触很深。那里最低温度可以达到-51℃，是1996年2月在明尼苏达州的托尔市测到的。那天晚上，有人想要打破纪录，于是住在室外的雪屋里。第二天早上他成功地出现在不畏严寒的围观者、电视摄像机和远程麦克风面前，身着高科技保暖服。可是好像没有人注意到背景中鸣叫的黑顶山雀。在那个破纪录的寒夜里，它们都独自睡在室外的小树洞里呢。

第十章

鹰眼与超声波：鸟类如何感知世界

鸟的眼睛可以看到紫外线，耳朵可以听到比最狂热的青少年所听的还要高的频率。多数鸟有与我们相似的触觉、味觉和嗅觉（也许比我们略差），但它们还能感受到磁场和偏振光。它们的视力和听力到底有多好？这只是关于鸟类如何感知世界的一小部分问题。

鸟类的视力

“鹰眼”的视力到底有多好？

鸟类的视力大都比较好。想象一下，鹰的视力得多好，才能从几百英尺的高空锁定一只老鼠的轻微活动？

鸟类的眼睛是钟形的，有很大的视网膜。3磅（约1.4kg）重的美洲雕鸮的视网膜比成年人的视网膜还大。鸟眼的移动范围很小，虹膜和瞳孔是仅有的没有被羽毛和皮肤覆盖的区域。但在表面以下，眼球还是很大的。鹰眼球的大小几乎跟人类眼球一样，甚至更大，而有些鸟两个眼球加起来的重量甚至超过大脑。

与哺乳动物典型的眼球不同，鸟类的眼球背面是内凹的，使之具有相对更大的视网膜。鸟眼还有一个独有的结构：在视神经附近，来自眼睛背面的大型投影结构，称为栉膜。科学家还不太知道鸟类为什么会有这一结构，但它有可能是为视网膜提供营养的。

我们知道鸟类的视觉灵敏度要远远高于人类，这让它们能够看到更小更远的物体。猛禽视网膜上的视锥细胞——负责视觉灵敏度的细胞——密度是我们人类的5倍。每平方毫米视网膜上的视锥细胞数量大约有100万个！

鸟类的每只眼睛都只向一个大脑半球发送信息，这让鸟类能够分别获得两个视觉范围的独立信息。但鸟类大脑中称为“伍斯特体”（wulst）的区域负责处理来自双眼的视觉信息，并能够提供立体视觉，让鸟类感知深度，这在雕或鹭捕鱼时，以及鹟类抓捕蛾子时是非常重要的。

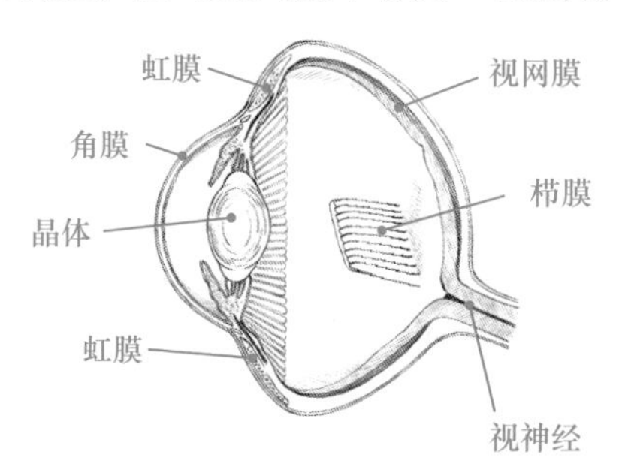

Q 鸟类能分辨颜色吗？

A 是的，它们能，它们甚至能看到光谱中人类看不到的一些波长范围。鸟类利用它们犀利的色彩辨别能力寻找成熟的果实和花朵等食物。它们色彩斑斓的羽毛在交配中也很重要。许多研究发现，只要有机会，雌性通常会更喜欢羽色最鲜艳的雄性。

鸟类能够看到我们人类看不见的偏振光。实验显示，鸽子和迁徙性的鸣禽能够利用偏振光辅助定向。

鸟类还能看到紫外线，这也是我们看不到的。羽毛能够反射紫外光谱，鸟类能够看到并利用这一信息帮助它们分辨同类的性别和年龄，甚至能分辨不同个体。在实验中，科学家让雌性鹟类在羽毛正常和涂了防晒霜（能够阻碍羽毛反射紫外线）的雄性中做选择，雌性明显喜欢体表能够正常反射紫外线的雄性。

能看见紫外线的这种能力在觅食中也能派上用场。红隼能够清楚地看到它们的猎物——一种叫田鼠的小型啮齿类——曾在哪里跑过。田鼠的尿液能够反射紫外线，显示出新鲜的踪迹，于是红隼能

包括燕鸥、鸥和信天翁等海鸟在内的许多鸟，它们眼睛的视锥细胞中都有红色或黄色的油滴，其中包含高浓度的类胡萝卜素。光线先穿过油滴再抵达视色素。油滴过滤掉了某些波长的光线，缩减了每个视锥细胞接收到的光线范围，也就是说，鸟的视锥细胞接收到的色彩比我们的视锥细胞能接收到的更加精准；看起来拥有这种油滴的鸟类在模糊或水下环境中也具有更好的视力。

够判断出哪条痕迹指向一顿大餐。人类是怎么发现这些的呢？芬兰研究人员在实验区域放置了新鲜田鼠尿液，发现红隼会沿着这些尿液痕迹捕食。在实验室中，与人工白色光源照射显像的尿液处理路径相比，红隼会花费更多的时间在紫外线照射显像的尿液处理路径上方盘旋和检查。

Q **我读到，游隼能够以超过每小时100千米的速度朝鸭子俯冲。在这样高的速度下，它们如何保护自己的眼睛不受灰尘和昆虫的影响，且不会过于干燥？**

A 你说的没错，保持眼睛的湿润和清洁对鸟类来说很重要。鸟类的眼睛表面有一层半透明的内眼睑，称为瞬膜，让它们能够在眨眼的时候维持视觉。一些鸟，尤其是会潜水的鸟（例如潜鸟和某些鸭类），在瞬膜中间有个清晰的窗口，能够帮助它们提高水下视觉，起到类似护目镜的作用。

另外，鸟类有两种不同的泪腺："L"形泪腺，其在下眼睑处有很多泪管开口。还有另一种泪腺位于瞬膜基部，在瞬膜眨动时起到最大的润滑作用。

Q 我花了很长时间观鸟。在电视上，我看到鹰和猫头鹰们会头朝下盯着什么东西看，但我在自然中从没见过它们这样，为什么呢？

A 实际上，所有的鸟和蜥蜴还有灵长类，在视网膜上都有个区域叫作视网膜中央窝，这个区域的视觉特别好。鹰和鸮的中央窝位于中线以上，所以当站在高处或者在飞行中时，它们能够清晰地看到下方远处的物体。这很重要，因为它们的食物通常位于下方，而它们很少需要看清楚头上的物体。电视中那些头朝下看的鹰和鸮通常都是人工饲养的，当摄影师在的时候，它们所站立的位置通常比自然情况下要低很多。当一个物体出现在鸟类的视野中，而它无法改变位置的时候，它就会将头朝下，让物体的映像落在视网膜中央窝上，以得到更加清晰的图像。

Q 当旅鸫将头凑近地面，它们是在听虫子的声音吗？

A 不是的。它们是在用眼睛寻找虫子。科学家弗兰克·赫普纳（Frank Heppner）设计了一系列经典的实验，发现震动、气味和声音并不能帮助旅鸫找到虫子。相反，旅鸫会通过窥视地表的小孔，观察虫子在地面下的洞穴，或者看它们在地面上的蠕动来找到它们。旅鸫将头低下，以便用一只眼睛尽可能地接近地面。这时候，朝上看的眼睛瞳孔缩小以便适应日间亮光，而朝下看的眼睛瞳孔放大，可以更清楚地看到地下阴暗的孔洞里面。

雄性旅鸫在天色过黑而无法寻找虫子的时候鸣叫最为激烈。雌性旅鸫在上午十点左右产卵，而不是像其他鸟大多在黎明时分。这让它们在一天中最好找虫子的时候，即在阳光晒得虫子们钻入地下之前，集中精神觅食。

另一种专门以蚯蚓为食的鸟是小丘鹬，一种喙很长的圆胖滨鸟。跟旅鸫相似，小丘鹬也会捡起任何它们可能看到的在地上蠕动的蚯蚓。小丘鹬将它们长喙敏感的尖端插入土壤之中，在一定程度上依赖触觉寻找地下的蚯蚓。

耳听八方

Q **为什么鸮类（如猫头鹰）是仅有的能看到耳朵的鸟？**

A 所有的鸟都有耳朵，通常隐藏在脸部侧面的羽毛之下。鸮类的“耳簇”并不是耳朵，而是头顶竖起的羽毛。鸟类学家推测，当耳簇立起的时候，通常是鸮类受惊的时候，立起的耳簇会让鸟看起来像一根折断的树枝，帮助这只鸟躲开捕食者的搜寻。

耳簇还可以帮助鸮类互相识别以及与其他个体进行视觉交流。由于每一根羽毛都连接着神经，少数人认为这些羽毛能够增加脸部的触觉。鸮的耳簇还能让许多黄眼睛的鸮看起来更像猫，让它们在不幸遇到捕食者的时候能多上一两秒的逃生时间，因为即使是大型的捕食者也有点忌惮猫咪的利爪、尖牙和凶猛的打斗能力。

Q **鸟类的听觉有多好？**

A 鸟类的听觉比我们要灵敏得多。虽然听觉测试显示，我们能听到的声音频率比一些实验测试中的鸟能听到的频率要高，但我们最佳的听觉范围却比一些鸣禽要小得多。并且它们还能听出鸣叫声中我们无法分辨的高音。通常情况下，年轻人大概能听到频率在20～20000赫兹的声音。（1赫兹为每秒钟振动1次。这大概是什么概念呢？88个键的钢琴中最低音的琴键能发出27.5赫兹的声音，中央C音为261.6赫兹，最高音为4186赫兹）。再做个比较，狗能够听到范围在67～45000赫兹的声音，而猫有最灵敏的耳朵，能够听到45～64000赫兹的声音。

欧洲和亚洲的两种松鸡科鸟（松鸡和黑嘴松鸡），在求偶炫耀时能够发出低于20赫兹的声音，而北美洲的披肩榛鸡发出的“鼓声”约为40赫兹。它们利用这些声音吸引配偶并保卫领地。行为学研究发现，鸽子能够发出低到0.05赫兹的声音。这种声音可能是帮助信鸽回家的信号，因为当海风吹过不同的陆地和海浪地形的时候，这种声音可以传播数百乃至上千英里的距离。在一些室内试验中，美洲雕鸮在低频区域的听力貌似比我们要好，但正如我们通过振动来感受贝斯的最低音，它们可能是通过触觉来感受这些声音的。松鸡可能进化出了刚好发出鸮类听觉极限之声音的能力，这样它们就能够在黎明、黄昏或者夜间安全地求偶。这期间恰好是鸮类捕猎活跃的时候。鸮类尤其喜欢像松鸡这样又大又美味的猎物。

许多鸣禽可能在1000～5000赫兹的范围内听觉最好，刚好是钢琴最高的两个八度音节以及再稍高一点的范围。许多人在中年的时候很容易就能听到鸣禽的叫声，而随着年纪的增加，我们开始失去对高音区和低音区的感受力。一些鸟的鸣叫可能只是频率太高，多数老年人若不佩戴助听器就无法听到：雪松太平鸟发出的嘶嘶声频率大约为6000～9000赫兹，栗颊林莺甜美的叫声大约有10000赫兹，而橙胸林莺可爱却高亢的歌声结尾时可以高达11000赫兹。

Q 鸟类会利用声呐吗？

A 声呐又称为回声定位，是动物通过发出声波被物体反射，进而探测和定位物体的一种方式，通常在夜行动物以及在深海或洞窟等黑暗环境中捕食的动物身上存在。在深海，抹香鲸利用声呐寻找并捕捉乌贼，而蝙蝠利用声呐捕捉昆虫并躲避障碍。蝙蝠发出极高频率的声音，这些超声波的波长足够小，可以从很小的昆虫身上反射回来。

在鸟类中，油鸱——特立尼达和南美洲北部的一种夜行性鸟类，以及东南亚洞穴中的金丝燕都是已知的会使用声呐的鸟。这些鸟发出能被人听到的咔嗒声，从洞穴壁以及钟乳石和石笋等其他障

> 与人类相比，鸟类能够更轻易地分辨出复杂、高频鸣叫中的单独音符——更别说发出那些声音了，北美西部的鹪鹩鸣叫时平均每秒钟发出36个音符。我们只能通过慢速回放才能分清楚其中的单个音符。

碍上反射回来，让它们能够穿越危险，最终返回巢穴。但是金丝燕和油鸱都不能发出超声波，所以它们的声呐功能最多只有蝙蝠的七分之一强——油鸱只能探测到直径超过20毫米的物体，遇到更小的障碍物它们就会撞上了。

鼻子知道

Q **鸟类有嗅觉吗？**

A 人们曾经认为，除了极少数鸟之外，鸟类是完全没有嗅觉的。它们并没有专门的鼻子而只有简单的鼻孔用于呼吸，鼻孔通常位于上喙的基部。但一些鸟，包括一些地栖的鸟（走禽）和一些北美洲的秃鹫以及一些被称为“管鼻类”的海鸟，它们的脑部确实有相当大的嗅觉中枢。

许多“管鼻类”海鸟是通过嗅觉定位海中的食物的，尤其是海燕、鹱和暴风鹱。海燕专门寻找二甲基硫醚的气味，这是微海藻被浮游动物吃掉时释放的一种芳香物质。海燕并不吃藻类，它们寻找的是浮游生物。浮游生物并不容易见到，而海燕需要不分昼夜地觅食，所以它们的嗅觉是非常有用并且非常好用的。

小型的黄蹼洋海燕体型比旅鸫还小，它们能够在很远的距离就能闻到二甲基硫醚的味道。它们的亲戚信天翁的嗅觉也很好，却不

会被二甲基硫醚的味道吸引，也许是因为这些大鸟主要吃鱼和乌贼，而不是浮游生物吧。

最近的研究显示，即使嗅觉中枢很小的鸣禽也有一部分拥有嗅觉。例如，雪松太平鸟为避免吃到会使它们生病的腐烂浆果，嗅觉就比双色树燕要好一些，后者在边飞边吃昆虫的时候大概不会闻到食物的气味。

几维鸟（新西兰一种不会飞的鸟），是仅有的鼻孔位置靠近喙尖端的鸟，它们的嗅觉中枢大小是同体型的其他鸟的10倍。雌性几维鸟看起来也是通过嗅觉来寻找蚯蚓为食的。

一些信鸽将利用嗅觉获取的信息作为其确定巢穴方向的信息之一。一些海鸟利用嗅觉来确定巢穴的位置。

美洲雕鸮会吃臭鼬。它们的嗅觉还没有很好地被研究过，但如果它们鼻子灵的话，它们对于“好闻”的定义大概跟我们很不一样。

Q 秃鹫是通过嗅觉、捕食者的踪迹，还是地面的其他线索找到死亡动物的呢?

A 研究人员在很久以前就证实，红头美洲鹫是有嗅觉的。在1938年，联合石油公司（Union Oil Company）发现，在输气管道中注入一种气味强烈的化学物质——硫醇之后，就可以很轻松地通过监测管道上方秃鹫的活跃程度来判断管道是否有泄漏了。硫醇闻起来像腐烂变质的白菜或鸡蛋，它们和其他相关化学物质都是尸体腐烂时会释放的。硫醇的气味对我们来说很难闻，但对于秃鹫来说，就是大餐的味道。

1986年在巴拿马开展的一项研究中，红头美洲鹫在3天时间里找到了74只死鸡中的71只。其中，找到被隐藏和没被隐藏的死鸡在快慢上没有差别，而没有被找到的死鸡恰恰是最新鲜的那些。然而，虽然陈旧的尸体散发出强烈的气味，秃鹫却明显更喜欢吃比较新鲜的那些。

红头美洲鹫在中南美洲的亲戚——大黄头美洲鹫和小黄头美洲鹫，貌似也依赖嗅觉觅食，而王鹫也是利用嗅觉觅食。在尸体被林冠遮蔽的森林中，这些物种一定都还能找到腐肉。与此不同的是，黑美洲鹫主要在开阔地带觅食，它们更多地依赖视觉，人们相信它们的嗅觉能力相对较差。当然，所有秃鹫都通用的一个觅食策略是观察天空中盘旋的其他秃鹫是否突然朝某个地方俯冲过去——俯冲的动作意味着发现了食物。从这种意义上讲，红头美洲鹫也是依赖视觉找到大多数食物的。

苦口之药

一些强烈的味道在鸟类中引发了有趣的反应。我救护过的一只冠蓝鸦用喙尖啄起一只大蚂蚁，随后张开嘴准备吃下。突然它胸部抬起，吐出那只蚂蚁，并猛烈地摇头，一直在上颚蹭舌头。然后，它突然又捡起那只蚂蚁，并在羽毛上涂抹。

许多鸟会进行“蚁浴”。蚂蚁体表覆盖着一层苦味的化学物质，称为蚁酸，能够帮助鸟类保护羽毛不受螨虫和虱子的伤害。一名欧洲学者研究了一群羽毛受到严重螨虫感染的鹡鸰，发现进行蚁浴的鸟体表的螨虫比不进行蚁浴的鸟体表的螨虫死亡率要高。在冠蓝鸦的例子里，看起来是蚂蚁的味道引发了这种行为。曾经有人报道过鸟类也用其他的东西“蚁浴”，包括樟脑球、烟蒂和洋葱等。

Q **鸟类感觉它们的食物味道怎么样？**

A 鸟类的味蕾与哺乳动物的结构相似，但数量要少很多。鸡只有24个味蕾，鸽子有不到60个，而我们人类有大约10000个味蕾，兔子有17000个左右。我们的味蕾多数位于舌头上，但是鸟类舌头上的味蕾却很少，舌尖上则完全没有，它们的味蕾多数位于上颚和口腔深处。

一名研究人员将混入了奎宁的面包喂给鹦鹉，它们没有任何抗拒就吃掉了。在鸽子的味觉偏好实验中，研究人员发现，它们会拒绝酸味或苦味的溶液，喜欢低浓度的盐和高浓度的蔗糖溶液，而对葡萄糖完全没有反应。在另一个实验中，鸽子看起来对奎宁也没有任何反应，而有一半的鸽子对糖精有反应。

鸟类确实对一些苦味物质有反应。如果冠蓝鸦咬住一只帝王蝶，强烈的苦味会让冠蓝鸦把它吐掉。帝王蝶的幼虫以马利筋为食，其中难闻的毒素在幼虫身体组织中累积，并在成虫体内继续存在。帝王蝶鲜艳的橙色保护了它，任何鸟只要吃过它一次，无论是难吃到呕吐还是吞下之后生了病，都不会再吃第二只了。

在“五感”之外

Q **鸟类有触觉吗？**

A 许多鸣禽的脚部都少有触觉神经末梢。灰噪鸦能够站在让肉片滋滋作响的煎锅上却不觉得难受！但是鸟类的触觉在其他方面表现得很好。在羽毛下面，鸟类的皮肤非常敏感，尤其是在长有飞羽的区域和翼关节部位，敏感的皮肤使鸟类在飞行时能够感受到细微的气流变化并做出反应。多亏了敏锐的触觉，鹰和其他翱翔的鸟才能够感受到上升的热空气，并在迁徙过程中利用热空气轻松地飞上高空。

此外，鸟类的喙和舌头上虽然味蕾很少，但还是有很多触觉感

受器的，下面就举一些例子。

- 丘鹬、沙锥和一些鹬的喙部尖端有非常敏锐的触觉感受器，让它们仅仅依靠触觉就能找到并抓住隐藏在地下2英寸（约5厘米）深的虫子。
- 啄木鸟的舌头顶端分布着高密度的触觉感受器，它们通过这些感受器来寻找木头深处的虫子。
- 燕雀的喙部和舌头上有很多触觉感受器，让它们能够熟练地啄开硬壳，吃到里面的种子。
- 鸭子和雁鹅的喙部感觉非常敏锐，尤其是尖端和边缘部位。绿头鸭上颚边缘每平方毫米有27个触觉小体，而相比之下，我们人类最敏感的食指指尖每平方毫米也只有23个触觉小体。
- 黑头鹦鹉的喙部非常敏感，当被蒙住眼睛的时候，它们能在初次接触的0.019秒之内咬住鱼，这还不到我们眨眼时间的一半。
- 三声夜鹰嘴周围的羽毛称为嘴须，具有类似猫咪胡须的触觉功能，并可以增加口裂网罗昆虫的有效范围。

Q 鸟类真的能感受到气压吗？

A 大量的野外数据显示，鸟类一定是可以感受到气压的。在暴风雨来临之前，气压下降，鸟类更加频繁地取食。在夜间迁徙或有雾的时候，虽然看不到自身与地面的距离，鸟类依然可以维持安全高度飞行很长距离。这些都依赖对气压的感知，但科学家还没能知道鸟类到底是如何做到的。实验证实，信鸽对于气压的微小变化十分敏感，能够感受到25英尺（约762厘米）的海拔差异。

Q 鸟类有什么感觉是我们人类完全没有的吗？

A 许多鸟能够感受到地磁引力，并利用它进行定向。在一个实验中，科学家给信鸽带上金属头盔，其中一半戴着有磁性的铁质头盔，另外一半戴着同样重量的无磁性材质头盔。信鸽被带离巢穴到远处放飞。

戴着磁性头盔的鸽子通常会在阴天的时候迷路，可能是因为磁性头盔干扰了它们对地球磁场的感知，而这种感觉在看不到太阳的时候能够帮助它们确定方向。当太阳出来以后，戴了磁性头盔的鸽子也很快找到了家。

在鸽子两眼之间的嗅觉神经附近存在细小的磁铁结晶，而在许多迁徙物种的类似组织或上喙部也发现了磁铁。在最近的一个实验中，科学家对圈养的信鸽进行了训练，让它们在磁场正常的时候跳到笼子的一侧，而在转换成异常磁场的时候跳到笼子的另一侧。只有在鸟类能够感受到磁场的差异时，它们才能学会这一行为。

当科学家将磁铁放置在鸽子的上喙部时，它们就无法完成这一实验了。而当科学家将鸽子的嗅觉腔（磁铁微小结晶沉积汇聚的地方）暂时冻住的时候，它们也无法成功展示这一行为。

一些鸟可能通过眼睛里的光线感受器感知到磁场，可能将光线和磁场转化成神经冲动。无论它们是怎么做到的，鸟类感受到的世界，我们只能想象了。

在繁殖季节，你可能见过三只哀鸽紧随着飞行，这是一种社会展示。通常领头的是一对哀鸽中的雄性；排第二的是一只单身雄性，它在想要筑巢的区域内追逐自己的对手。第三只是这一对哀鸽中的雌性，看着像是来凑热闹的。

第十一章

天使之翼：神奇的羽毛

哺乳动物，从天上飞的蝙蝠到水里游的鲸鱼，从长脖子的长颈鹿到扁嘴巴的鸭嘴兽，从怒吼的狮子到智慧的人类，其外形和尺寸真的是多种多样。哺乳动物中最小的鼩鼱跟蜂鸟差不多大，而最大的鲸鱼则比现存最大的鸵鸟，甚至比恐鸟和象鸟这种曾经出现过的大鸟都还要大上许多倍。鸟类都靠两条后肢站立。虽然几维鸟和鸵鸟等个别种类的鸟翅膀已经退化，但整体来说，鸟类的外形还是极具特色的。

鸟类体表覆盖着羽毛，也是其独特外形的一部分——地球上再没有其他动物长有羽毛了。有哪种哺乳动物可以被称为“华丽的”或“闪耀的”，或者能够像蜂鸟一样担当得起红宝石、紫水晶、黄宝石、祖母绿、蓝宝石、石榴石这些闪耀的名字？

无怪乎我们描绘的天使都长着鸟类的翅膀，也不难理解当我们看着鸟儿的时候，为什么脑子里会充满了疑问。

精巧羽毛的真相

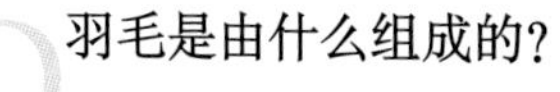

Q 羽毛是由什么组成的？

A 羽毛是鸟类普遍又独有的特征。每一根羽毛都从一个叫作羽乳突的结构发育而来，人类的毛发也是从类似的乳突生长出来的——生物学家依然在研究这两种结构之间及其与爬行动物鳞片之间的相似之处。与鳞片相比，羽毛更加柔软、有弹性，质量很轻却又牢固，能够很好地隔绝外部冷热空气。

直观来看，羽毛应当是由鳞片进化而来的。然而，发育生物学家指出，羽毛生长最初是与鳞片完全不同的管状结构。科学家还争论羽毛演化形成的原因，即它们的出现是为了保温、飞行、炫耀展示，还是有其他原因。化石证据显示，许多有羽毛的恐龙并不会飞。

羽毛由φ-角蛋白构成。除了鸟类，这种物质只在短吻鳄的爪中存在。

最大的羽毛是孔雀的尾羽，长度可以达到5英尺（约1.5米）。最小的羽毛是古巴吸蜜蜂鸟眼睑上的羽毛，只有1/63英寸（约0.4毫米）。

Q 一只鸟平均有多少根羽毛?

A 虽然人们并没数过很多种鸟的羽毛数量，但在20世纪30年代，几个科学家还真的数了一些死鸟的正羽数量。（正羽包括鸟类体表外层的羽毛，不包括下层羽毛等其他的羽毛。）他们不得不小心翼翼地将羽毛拔下来并一根一根地数。

一只红喉北蜂鸟大约有940根正羽，而一只小天鹅则有多达25216根正羽。后者是目前人们数过的体羽数量最多的鸟。这些羽毛中有80%位于头、颈部——小天鹅觅食的时候头、颈会没于水中。这些部位的羽毛与身体其他部分的羽毛相比，尺寸非常小。想象一下把它们全数一遍的场面吧!

鸟羽的数量也会随季节变化。有研究人员对一些白喉带鹀的羽毛进行了计数，发现冬季采集的白喉带鹀大约有2500根正羽，而夏季采集的则只有1500根。

羽毛：不止为了飞行

羽毛的高度多样化是有很多原因的。

飞行：翅膀上的羽毛坚硬、轻盈，能够在鸟类飞行时提供升力并推动身体前进，而尾部强壮的羽毛能够帮助鸟类（甚至最快速的隼）在飞行时转向。头部和身体的羽毛分布塑造了鸟类的流线体型，为鸟类的飞行和逆风行进提供便利。

保护：外层的羽毛给鸟类提供了防水外衣，保护皮肤不受雨雪日晒之害。其下蓬松的内层羽毛间含有大量空气，能够保持体温。一些身体部位的绒羽不仅能够为鸟体隔热，还能帮不能产热的鸟卵隔热。许多雌性水鸟会将腹部的下层羽毛拔下，用于筑巢。

在最著名的例子中，雌性柔软的绒羽将卵与下面的永久冻土隔离，正如雌鸟的身体保护鸟卵免受外界冰冷气温的摧残，当雌鸟离开鸟巢的时候，它用绒羽将卵包裹起来，隐蔽的同时保持温暖和干燥。

羽毛还是鸟类的有力伪装，小丘鹬斑驳的棕色羽毛能让它们在森林地面上最好地隐蔽起来。

吸引异性：羽毛的色型也可以拥有与伪装相反的功能。一些颜色靓丽的羽毛让鸟儿非常显眼。许多鸟都有特化的羽毛用来吸引异性。

许多鹭类在繁殖季节会长出纤长的背羽。蓝孔雀长长的尾羽拥有“眼睛”状的装饰。凤尾绿咬鹃饰带一样的尾巴（其实是尾上覆羽）可以长达身体的两倍。

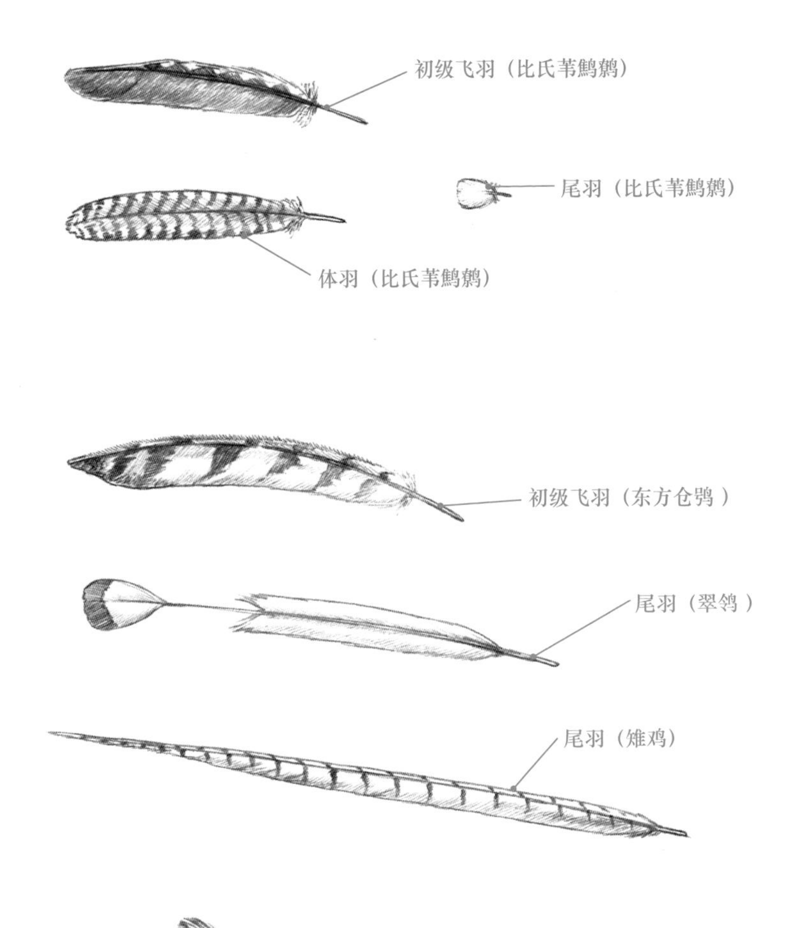
初级飞羽（比氏苇鳾鹟）
尾羽（比氏苇鳾鹟）
体羽（比氏苇鳾鹟）
初级飞羽（东方仓鸮 ）
尾羽（翠鸰 ）
尾羽（雉鸡）
尾羽（孔雀）

特殊功能：啄木鸟、雨燕等一些鸟类的尾羽十分坚硬，可以将身体支撑在树上或其他坚固的基质上。

一些食虫鸟的喙周围长有称为“嘴须”的特殊羽毛。这些羽毛的羽干坚硬且没有羽枝，能够像漏斗一样将昆虫送入鸟嘴里，或者像猫咪的胡须一样提供额外的触觉感受。实验数据还显示，在飞行中，这些嘴须能够捕获蛾子和其他大型且有鳞的昆虫，从而保护眼睛免受碎屑的伤害。许多鸟的翅膀和尾部的羽毛特化，能够发出声音，并在求偶炫耀中相互交流。

一些羽毛鉴别的例子

Q **我跟朋友散步的时候遇到一片黄色的羽毛，他看了一眼就说，这是一根北扑翅鴷左翼的飞羽。他是怎么知道的？**

A 你朋友很幸运，他遇到了最容易鉴别的羽毛。根据羽毛下面的亮黄色，他就能知道这是一只扑翅鴷。只有分布在西南沙漠地区的黄扑翅鴷有这样的特征，而分布在西部的北扑翅鴷羽毛是红色而不是黄色。根据坚硬的羽干和长度可以判断这是一枚飞羽，而不论是翅膀还是尾部的飞羽，通常都是长度大于宽度。

他又是如何知道这是一枚翅膀上的飞羽而不是尾部的呢？所有扑翅鴷的羽毛都是笔直、对称且特别坚硬的，其尖端呈锥形。翅膀上的飞羽则呈现更典型的羽状，有轻微的弧度，而且两侧不对称，前侧比后侧要略窄。

所以，你的朋友观察了羽毛的颜色和形状，并据此推测这是一枚扑翅鴷翅膀上的羽毛，又将黄色部分朝下，观察羽毛朝哪一侧弯曲，哪一侧是略窄的前侧，来确定羽毛是来自右翼还是左翼。

细枝末节查真相

正如犯罪现场发现的任何一根纤维都可能成为关键的线索，羽毛也能在犯罪调查中提供重要的环境信息。

美国联邦调查局（FBI）毛发与纤维专家道格拉斯·迪瑞克（Douglas Deedrick）曾经与现已故去的世界著名羽毛专家洛克希·雷朋（Roxie Laybourne）合作，开发了永久的羽毛数据库（为上万根羽毛建立的显微数据库）。随后几十年，雷朋帮助道格拉斯为FBI的案件检测并识别羽毛证据。

虽然羽毛在调查中并不像其他纤维（包括头发）那样常见，她的工作依然每年会被应用于至少十几起抢劫、绑架和谋杀案件中。她还帮助鉴别飞机鸟撞事件中的羽毛。雷朋女士供职于史密森尼自然历史博物馆（The Smithsonian Museum of Nature History），她的工作之一就是通过将羽毛样品与博物馆所收藏的大量羽毛标本进行对比来鉴定羽毛。

Q **有教人识别羽毛的书吗?**

A 没有。扑翅鴷和冠蓝鸦有很多易于识别的羽毛，另一些鸟也至少有个别羽毛是容易识别的。例如，雪松太平鸟每一根尾羽末端都有鲜艳的黄色条带，而东王霸鹟的则为白色。但对于多数单独的羽毛来说，识别都不是一件容易的事。

多数猫头鹰的飞羽都是非常柔软的，像覆盖了天鹅绒一般，而它们主要的初级飞羽前沿具有坚硬的梳状结构。就算羽毛的尺寸能提供一些信息，想要确定它具体是属于哪种猫头鹰依然是很难的。鸭子、滨鸟和其他水鸟的外层羽毛手感呈蜡质。鸟种识别方面越细致，就能为识别单根羽毛获得越多的信息。但有些羽毛可能只有实验室的科学家才能识别出来。

多彩的特征

Q **有人告诉我没有蓝色的羽毛，这是真的吗?**

A 任何仔细观察过蓝鸲或鸦的人都知道，世上是有蓝色羽毛的。但羽毛中确实没有蓝色色素。羽毛的蓝色是一种“结构色”，由于黑色素上覆盖着特殊排列的角蛋白和空气，当光线从这一层结构上反射时，就呈现出蓝色。

如果你找到一根蓝色羽毛，检查一下吧！当光线照射在羽毛上时，你看到它呈现出蓝色，而当它背对光线（不论是阳光还是其他光线）时，色素的颜色——一种深棕色——就显现出来了。

生活在澳大利亚内陆的野生虎皮鹦鹉多数是绿色的，这种颜色来源于黄色素和蓝色结构的综合。圈养条件下的鸟则被培育出不同的颜色。如果一只鸟的羽毛缺乏黄色素但依然有蓝色结构，它就会呈现出蓝色。如果它们缺乏蓝色结构但拥有黄色素，则为黄色。如果黄色素和蓝色结构都缺乏，就会变成白色。

彩虹色也是由羽毛结构形成的。如果你把蜂鸟闪亮的喉部羽毛或者绿头鸭泛着金属光泽的绿色羽毛磨碎，只会得到一堆深灰色的粉末，也就是羽毛色素的本色。但如果磨碎的是猩红丽唐纳雀的红色羽毛，由于这些羽毛的红色是源于色素，那么最后的粉末就会呈红色。

Q **去年早春，我在我家前院草坪上看到一只体型像旅鸫的小鸟，但它全身都是白色的！这是旅鸫吗？**

A 那确实是一只旅鸫，但与多数旅鸫不同，它之所以呈白色，是因为它是一只白化鸟个体，缺乏黑色素。天鹅、白鹭和雷

鸟这些本来就是白色或者季节性呈白色的鸟通常不被认为是白化鸟个体，除非在极端情况下，它的喙、脚和眼睛也缺乏黑色素。如果你看到的白色旅鸫有粉色的眼睛和灰粉色的喙，那么它就是一只白化个体。不幸的是，由于完全白化的个体眼睛也缺乏黑色素，无法保护眼睛免受紫外线的伤害，它们多半是瞎的，这也会显著缩短它们的寿命。

白化鸟个体是很少见的：曾经有学者估计，大约1800只鸟中会出现一只白化个体。在人类中，这个比例大概是1/17000。白化通常是基因突变引起的，基因突变导致黑色素合成的催化剂酪氨酸酶无法形成。一些鸟是部分白化的，只有一些羽毛缺乏黑色素。

目前几乎还没有关于鸟类中白化病的分布或频率的研究。一些研究注意到，旅鸫和家麻雀的白化病发生率在鸟类中最高，但也可能是因为这两种鸟经常出没在后院或其他人类活动的生境中，因此白化个体更容易被注意到。

Q **我很喜欢在我家秋海棠上筑巢的小朱雀。不知道为什么，去年春季雄鸟是橙色而不是红色的，但它们的雏鸟看起来很健康。是什么导致了它异常的颜色呢？**

A 这很可能是食物造成的。家朱雀的颜色是由类胡萝卜素而来，当鸟类进食富含类胡萝卜素的食物时，色素就随着羽毛的生长而被固定在羽毛中。许多野果都富含类胡萝卜素。在实验室中，如果仅给家朱雀饲喂单一的种子，它们换羽后再长出的羽毛颜色就会很黯淡并呈黄色。当在食物中添加类胡萝卜素时，它们重新长出的羽毛就会是浅橘色。当存在于一些水果中的角黄素（一种红色的类胡萝卜素）被添加到食物中的时候，它们再次长出的羽毛就会是鲜艳的红色了。

在夏威夷等一些引入家朱雀的地区，当地自然食物中缺乏这些色素，这些鸟儿的羽毛也非常黯淡。在密歇根等另一些地区，它们的羽毛就非常鲜艳。

鲜艳的雄性对雌性更有吸引力。食物中的类胡萝卜素让雄性色彩鲜艳，鲜艳的色彩告诉雌性这些雄性能够找到最高质量的食物，也就是说这些雄性能够给后代提供更好的食物。

Q **我从书上看到，沙丘鹤的脸部没有羽毛，但当我近距离观察的时候，确实好像看到了红色的羽毛！这是怎么回事呢？**

A 你读到的没错。当然了，它们的脸上确实看起来像覆盖着红色的羽毛，这是因为它们前额的皮肤以及两性的冠羽覆盖着凹凸不平的结构，称为乳头，这种结构看起来非常像细小的羽毛。

血管分布在皮肤浅表，当沙丘鹤进行求偶或领域展示的时候，这些乳头中会充满血液，呈现出鲜艳的红色。红色皮肤上还长有细小的黑色羽毛，这进一步混淆了人们的视线，使其看起来好像长了羽毛一样。

脸部和头部具有色彩鲜艳的皮肤，这在鸟类中并不罕见。

健康美容援助

Q 我刚刚看到了一只完全秃头的冠蓝鸦！至少我认为是一只冠蓝鸦。它头上的羽毛为什么不见了呢？

A 一些鸟在换羽的时候，它们头部的羽毛几乎同时脱落。没有人知道为什么这种现象在冠蓝鸦和主红雀中如此普遍，尤其是考虑到一些冠蓝鸦和主红雀同其他物种一样，一次只更换几根头部的羽毛。难道是因为这两种不相干的鸟都有羽冠？这不太可能，因为一些没有羽冠的鸟，比如拟八哥，有时候就也会同时脱落全部的头部羽毛。

有人推测秃头的鸟儿是受螨虫的困扰，不过这也不太可能。我曾经在康复机构中将两只冠蓝鸦一起饲养了好几年。每年秋季，其中一只叫sneakers的头部羽毛全部一起脱落，而跟它吃一碗饭的邻居BJ，却从来不会完全秃头。如果它们中的一个长了寄生虫，另一个按理说也应该有。可见，这看起来更像是个体习惯。

Q **鸟儿在离开我放在院子里的水盆时，通常看起来比它们来的时候更糟。它们何苦呢？**

A 湿的羽毛确实看起来很散乱！鸟类洗澡是为了清洁，但当它们从水盆中出来时，它们的羽毛就像我们刚洗完的头一样乱。鸟类浸入水中时会张开翅膀。如果它们处于非常隐秘的环境并且没有发现任何潜伏的捕食者，它们会拍打起水花，摇动身体，让羽毛外层直到底层皮肤都浸泡在水里。随后，它们飞到一个安全隐蔽的场所整理羽毛，小口啄掉残余的灰尘、寄生虫和油脂。羽毛会以惊人的速度风干并恢复原来的形态。

羽毛护理

羽毛对飞行生活有绝佳的适应性。如果蝙蝠在飞越树林的时候翅膀不小心挂住树枝，会受伤，而这可能让它再也无法飞行。如果鸟类也遇到同样的意外，树枝可能只会损伤其一两根羽毛，但更可能只是简单地将两根羽毛分开，鸟儿可以轻松地将它们整理恢复原样。

基本的梳理

羽毛虽好，却也要适当地整理才能满足鸟类日常的使用。鸟类轻轻啄咬羽毛，将羽片的钩和齿重新连接起来以保证羽片的完整，同时去除虱子和螨虫。为保持羽毛的柔软并使其免受阳光、风吹、雨水和盐分的损伤，多数鸟在尾基部具有尾脂腺。在梳理羽毛的时候，鸟类会轻咬这个小粉刺一样的结构，挤出油脂，涂抹在羽毛上，保持羽毛柔软光亮，正如我们涂护手霜保护双手一样。这种油脂还会培养出一些有益真菌，帮助羽毛预防寄生虫并抑制有害真菌的生长。

人们一度相信，是尾脂腺分泌的油脂直接让羽毛防水，但当研究人员去除了鸭类的尾脂腺之后，他们发现羽毛依然能够保持防水，直到随着时间推进，羽毛变得脆弱并开始破碎。如此看来，尾脂腺的油脂不是直接排斥水分，而是通过维持羽毛的结构来间接帮助羽毛防水。

预防寄生虫

螨虫和其他的一些体外寄生虫会以羽毛为食，损伤羽毛的钩和齿。用喙梳理羽毛能在一定程度上去除这些寄生虫，但力度还不够，于是一些鸟还有其他的方法。其中一种称为“蚁浴”，鸟儿貌似会利用蚂蚁分泌的甲酸或其他强烈的化学物质来去除螨虫。蚁浴有两种方式：一种是被动蚁浴，鸟儿在蚁丘或其他蚂蚁聚集的地方站立不动，仿佛在发呆，让蚂蚁在羽毛间爬过；另一种是主动蚁浴，鸟儿捡起蚂蚁或其他有强烈化学物质的东西（例如樟脑球或烟蒂），在羽毛上涂抹。有时在主动蚁浴之后，鸟儿会把剩下的昆虫吃掉。

鸟类经常晒日光浴。在被动蚁浴时，阳光下的鸟儿仿佛进入神游状态，它们保持着奇怪的姿势，通常向一侧倾斜，并张大所有羽毛间的空隙，目的可能是通过升高皮肤和羽毛的温度，驱赶寄生虫，或者在一定程度上帮助维持羽毛的良好状态。阳光和磨擦通常是造成翅膀和尾羽受损的最常见因素。

鸟类也会在水里、雪里或泥土里洗澡。对我们来说很难想象在泥土中洗澡，但雪浴和土浴确实能去除很多寄生虫。

风干

蛇鹈、鸬鹚、鹈鹕、鹳、秃鹫和一些其他鸟，有时候会长时间地展翅站立以使羽毛风干。蛇鹈和鸬鹚需要花费大量的时间在水下捉鱼，它们的羽毛会变得很湿，而展翅站立可以帮它们晾干翅膀。

蛇鹈的羽毛是非常透水的，比鸬鹚的羽毛还要透水得多。这可以帮助蛇鹈轻易地潜入水中，并游得更深，但由于羽毛会被更严重地浸湿，它们要花费比鸬鹚更久的时间来晾干翅膀。秃鹫经常在早晨伸展翅膀，这可以帮助它们晾干被雨水或深夜露水打湿的翅膀。

通过以上这些方式，鸟类得以保持羽毛的良好状态。不过即使精心护理，羽毛最终还是会磨损。所以每年有一次、两次甚至三次，羽毛会脱落并被另一批羽毛替代。

Q 一只尾巴坏掉的灯草鹀来吃我投放的鸟食。我一个朋友说它的尾巴还会长回来的，但是这只鸟已经在我这里待了两个月了，看起来没什么变化。是什么妨碍了它长出新的尾羽呢？

A 如果这只灯草鹀的尾羽被拔掉了，它会立刻长出新羽毛来替代。但如果破碎或磨损的羽毛根部与皮肤接触的地方是完好的，那这根羽毛并不会被自动替换，而是要等到鸟儿正常换羽的时候才会被换掉。换羽的时间在不同物种之间是有差别的，而这只灯草鹀差不多在夏末时节就会长出新的尾羽了。

求偶的红尾鵟会在高空环绕大圈飞行进行求偶炫耀。雄性会先迅猛俯冲，随后以几乎垂直角度再次攀升。几次俯冲之后，它会从上面接近雌性，伸出腿部，短暂地接触雌性。有时候，一对红尾鵟会互相抓住对方，勾住爪子，盘旋着垂直坠向地面，直到互相分开。

坚如磐石[1]

当我做鸟类救护的时候，曾救助过一只冠蓝鸦雏鸟。在它羽毛逐渐丰满的过程中，它多数时候在我院子里待着。一个下午，一场猛烈的暴风雨即将来临，它却不见了。当暴风雨来袭时，我不得不独自回到屋里。雨势变小之后，我探出头寻找，呼叫它的名字。当它听到我时，它开始大声喊叫着“*MAAAA!MAAAA!*”，大概在一个街区之外的一个公交站顶部的电线上。

当我找到它后，它全身湿透，沾满污泥，冠羽和羽毛紧紧贴在身上，完全看不出来是一只冠蓝鸦了。公交站等车的人看到我喊它“下来啦，路德维格（Ludwig）”，都笑了。它拍拍翅膀松开电线，结果湿透的翅膀和尾巴一点升力也没有，它像块石头似的掉到路边，然后跳到我身上，嘴里还喊着“*MAAAA! MAAAA!*”。

下一次它在暴风雨中受困的时候，应该就知道找个地方躲起来比站在外面要明智多了。

① 译者注：*Like a Rock*，是一首励志歌曲，由美国20世纪70年代最受欢迎、也最有特点的硬摇滚歌手鲍伯 · 西格（Bob Seger）演唱。

—— 第十二章 ——

华丽的飞行机器：鸟类如何飞行？

我们之中，有谁不曾惊奇于甚至是羡慕过那些能变身的旅鸫？前一秒还在草地上两腿蹦跳，突然就跳起来张开翅膀，两腿一缩，飞了起来！在8世纪的西班牙，阿拔斯·伊本·弗纳斯（Abbas Ibn Firnas）开始研究鸟类的飞行动力学，并进行了自己的飞行试验。在16世纪的意大利，列奥纳多. 达·芬奇（Leonardo da Vinci）发明了好几种飞行器，再次仔细地研究了鸟类的运动。

现在，我们乘飞机几乎可以到达世界的任何一个角落，这样一个伟大进步的灵感和技术基础都来源于对鸟类的观察。但是，在距人类首次飞行尝试已有一千多年的今天，我们依然满怀好奇地观察着飞行的鸟类。

它们是如何做到的？

Q 鸟类是如何悬停在空中而不用扇动翅膀的呢？

A 根据翅膀的形状，一些鸟必须扇动翅膀才能维持在空中，而另一些鸟则不必扇动翅膀就可以在空中滑翔或爬升，时间持续数分钟甚至数小时之久。

鸟类翅膀的形状形成一个翼面。当鸟类在空中前进，其翅膀的形状和弧度让其上方的空气比下方的空气流动更快。上方更快的空气流动产生较低的气压（将鸟向上吸），而翼面以下较低的空气

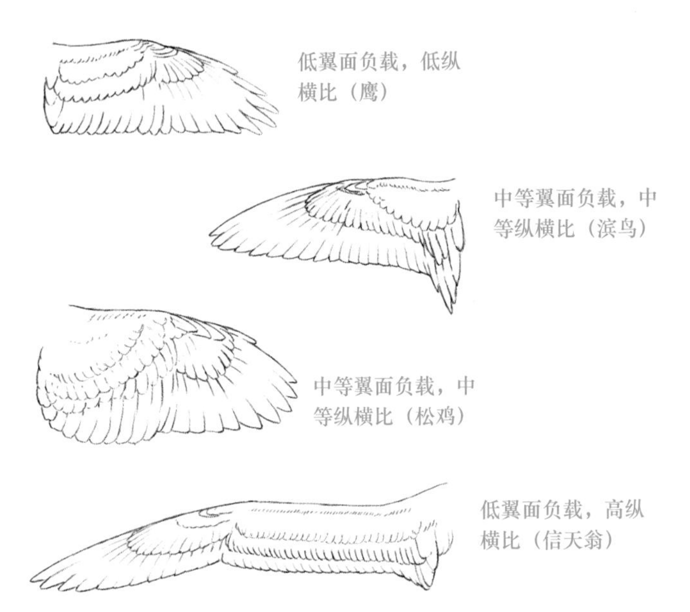

将增加气压（将鸟向上抬）。这些维持鸟类向上的力被称为“升力”，这需要鸟类向前运动或者面对相当强的风。

为了能够不必拍打翅膀而向上飞起，鸟类的体重相对于它们的翅膀和尾部表面积来说必须要低，使它们拥有较低的翼面负载。具有低翼面负载的鸟包括鹤、鹰、秃鹫、蛇鹈、鹈鹕等，此外还有其他一些种类。而潜鸟则是一种具有高翼面负载的鸟，相对于它们翅膀的表面积，它们的体重就显得非常重。潜鸟哪怕只是失去了几根飞羽，它们可能就很难甚至无法飞起来了。企鹅则是高翼面负载的极端例子，它们可爱的小翅膀完全没办法产生足够的升力将沉重的身体从地面拉起来。蜂鸟和一些鸣禽类也有较高的翼面负载，它们不得不一直拍打翅膀才能将身体维持在空中。

翅膀的形状决定了鸟类如何飞行。信天翁的翅膀非常细长，有很高的纵横比，让它们可以在低空高速飞行（有时候甚至就紧贴海浪之上），并且机动性很强。秃鹫宽大且有缝隙的翅膀具有较低的纵横比。拥有低纵横比翅膀的鸟适合慢速、轻松地在高空飞行。那些翅膀纵横比处于任一极端的鸟，在不处于迎面强风中的时候，都有可能难以从地面起飞。多数翱翔的鸟都处于两个极端之间。

Q 猫头鹰的飞行为什么这么轻盈?

A 相对于它们的体型来说，猫头鹰的翅膀是很大的，这让它们翅膀扇动的频率比很多鸟要慢，也同时减少了噪音。它们翅膀的表面羽毛柔软光滑，与体表蓬松的羽毛一起，能够吸收声波。柔软的表面还可以消除飞行时羽毛相互摩擦的声音。

但对猫头鹰无声飞行贡献最大的特征还是它的一些初级飞羽外侧羽片的梳状边缘。这一结构让空气与翅膀前缘的接触变得柔软，实际上将翅膀的快速拍打分解成了50个或100个微小的运动。

为飞行而生

鸟类是飞行大师。由于我们很容易看到它们的翅膀和羽毛，很多人认为这就是鸟类能够飞行的关键特征。但实际上，鸟类从骨骼等内部结构开始，就已经是为飞行而生了。鸟类的骨骼非常轻盈，许多飞行鸟类的骨骼重量只有羽毛重量的一半甚至三分之一。它们多数骨骼内部都有很大的空腔。当然，所有鸟都有一些骨骼含有足够的骨髓来产生血细胞。秃鹫和天鹅等修长的前肢骨骼中空，考古工作者在许多洞穴中发现了人类早期文明用它们做成原始长笛。查尔斯·达尔文就拥有一支由信天翁中空的前肢骨骼做成的烟斗。

鸟类有许多与人类同源的骨骼已经退化或融合，外形与我们的相差甚大。例如，与我们的指骨对应的鸟类骨骼已经融合并变形，用以支持所有的初级飞羽。鸟类的一些脊椎骨也已经融合成一块坚硬的骨板，宽大的侧面进一步与骨盆的骨骼融合。整体的结构形成了一个轻盈而又坚固的框架，让鸟类的腿部能够用最少的肌肉（肌肉密度较大）支撑身体。

飞行鸟类的胸骨具有很大的龙骨突，在保护胸部和腹部的同时给巨大的飞行肌肉提供附着点。脊柱、肋骨和胸骨共同形成一个富有弹性又坚固的腔室，容纳并保护心脏、肺脏和其他的重要器官。

啄木鸟和画眉等鸟飞行时可能会先使劲扇动一两次翅膀前进，接着收起翅膀俯冲一会儿，随后再次扇动翅膀，形成一种波浪状的飞行路线。

Q 飞行看起来很重要，但为什么鸵鸟和企鹅等一些鸟却不会飞呢？

A 飞行是一种很重要的能力，但同时代价也很大，需要胸骨具有很大的龙骨突和大块的飞行肌肉。鸵鸟所隶属的平胸鸟类中的大多数很可能为了增大体型和腿部的力量，而失去了飞行的能力。它们比绝大多数的捕食动物跑得还快，有一些甚至能把狗一样大的捕食动物踢得肠穿肚烂。

企鹅确实拥有强壮的翅膀和胸肌。在某种意义上讲，它们确实也会“飞”，只不过是在水中而不是空中。企鹅适合飞行的流线型身体，让它们能够穿过水流时保持最小的阻力。

但是快速有力的游泳和飞行的要求是不同的。为了潜水和完成水中的其他任务，以及在极地的低温下生存[①]，它们的身体有丰富的脂肪、沉重的肌肉和密度极高（和沉重）的羽毛。这让它们难以用那对小翅膀飞起来。

---

① 译者注：多数企鹅生活在南极地区，需要忍受极低的温度，少部分企鹅生活在温带和热带，如加拉帕戈斯企鹅。

Q 如果这些完全生活在南半球的企鹅们都非常善于水中“飞行”，那为什么没有北半球的鸟类（如潜鸟或海鹦）失去飞行能力呢？

A 这有可能是因为南极洲和附近的岛屿能够为企鹅提供低矮又安全的筑巢区，而北极的岛屿边缘都很陡峭，鸟类不得不在难以到达的悬崖上筑巢。只有一种北半球的海洋鸟种失去了飞行能力：大海雀。这种鸟只在两三个低矮的海岛上筑巢，并且已经在19世纪中叶灭绝了。

Q 鸟类在飞行中会睡觉吗？

A 有证据显示，一些鸟，尤其是长途迁徙的鸟，以及雨燕等，有可能在飞行过程中睡觉。据我们所知，鸟类和海洋哺乳动物是仅有的拥有半球慢波睡眠的温血动物，即大脑一个半球处于睡眠状态而另一个半球是清醒的。显然，海洋哺乳动物只有这样才能在睡觉的时候维持游泳并不时浮出水面换气。地面上的鸟可以睁着一只眼睛睡觉，对捕食动物的出现迅速做出反应。这种能力也让它们可以在飞行的时候睡觉，这在长途飞行过程中就很重要了。但无论在实验室还是自然条件下，目前还没有人通过脑波监测对此证实。

飞行的高度

Q **鸟类能飞多高？**

A 鸟类飞行高度的最高纪录是有人看见并听见一队斑头雁飞越喜马拉雅山，从印度到达亚洲中部，高度大约29000英尺（约8839.2米）。一只绿头鸭在内华达沙漠上空撞到了一架飞机，当时高度约为21000英尺（约6400.8米）。小型的白颊林莺在其2300英里（约3701.5千米）跨越大西洋的不间断迁徙途中，有时会在21000英尺的高度飞行。据我们所知，这在距离和时间上都是最长的路程，也是小型鸟类不停歇飞行的最高纪录。

鸟能飞多低？

在灯塔和其他有利地点的观察者注意到，一些迁徙鸟类通常在海面或地面之上几英尺到几百英尺的高度飞行。鹬、红颈瓣蹼鹬、鹈鹕，以及许多海鸭的飞行高度如此之低，它们只有在高于海浪的时候才能被看到。

雷达监测显示，长距离飞行的鸟比短距离迁徙的鸟飞行高度要高。高空存在有利的高速顺风，此外，较冷的空气能够帮助鸟类冷却飞行产生的热量。

Q **飞得最快的是什么鸟？最慢的呢？**

A 飞行最快的鸟类可能是游隼，包括警用雷达在内的许多仪器监测到了它们以至少每小时180英里（约每小时289.7千米）甚至是超过每小时200英里（约每小时321.9千米）的速度飞行。有意思的是，白喉雨燕能够成功逃脱游隼的追击，可惜还没有人监测到它们的速度——当然它们的速度并没有俯冲的游隼快，不过它们非常善于闪躲避险。

如果把在空中维持数分钟速度为0当作飞得最慢的话，那飞得最慢的是各种蜂鸟。如果把飞得最慢定义为扇动翅膀飞行前进又不失速的话，那么小丘鹬和丘鹬都被记录到以每小时5英里（约每小时8千米）的速度进行求偶飞行。但小丘鹬并不总是飞得这么慢，它们还被监测到以每小时13英里（约每小时20.9千米）甚至每小时42英里（约每小时67.6千米）的速度飞行。

Q 鸟类最多可以不停歇飞多远？

A 在常规迁徙中，飞行距离因鸟种而不同。许多红喉北蜂鸟从得克萨斯州和路易安那州的墨西哥湾海岸起飞，一口气飞到尤卡坦半岛，这至少有600英里（约965.6千米）的路程，路上既没有地方可以歇脚也没有食物。白颊林莺迁徙时，从美国东北部飞越大西洋抵达波多黎各、小安的列斯群岛或南美洲北部，平均水上路程达1864英里（约2999.8千米），有时候需要不间断地飞行88个小时。为了完成这一飞行，白颊林莺在出发前体重几乎加倍，并借助盛行风转向直指目的地。

目前由鸟类携带卫星定位跟踪器所记录到的不间断飞行最长纪录是一只雌性斑尾塍鹬（一种滨鸟），2007年10月，它用了9天时间，不吃不喝不眠不休地从阿拉斯加一口气飞行了7145英里（11498.8千米）抵达新西兰。

夜间飞行

雷达研究显示，包括多数鸣禽在内的夜间迁徙鸟类，其飞行高度和时间都有差别。这些鸟通常在日落后就起飞，很快到达最大高度。它们在午夜之前都保持这一高度飞行，随后逐渐降低高度直到天亮。虽然飞行高度具有很大的差异，但多数小型鸟大约在500～1000英尺（152.4～304.8米）的高度迁徙。一些夜间迁徙的鸟（很可能是滨鸟）在15000～20000英尺（4572～6096米）的高度飞越海洋。夜间迁徙鸟类也比日间迁徙鸟类飞得略高。

鸟群及其形成

Q **大家都认为鹰是独居的，但我看到成群的鹰一起迁徙。它们集合成群是为了安全吗?**

A 多数的猛禽都不是群居的。但在迁徙期间，许多物种，尤其是鵟类，会寻找上升的气流，即所谓的“热气流”或“上升气流”。当一只猛禽感受到这种气流的时候，它会张开翅膀和尾巴，使自身展开最大的表面积，让上升气流柱将它带到高空的气流旋涡中，开始盘旋绕圈。

猛禽让气流将它带到最高处，随后收起翅膀让自身成为箭头状，再朝向它要迁徙的方向滑翔。它会逐渐下降，但还要很长时间才会下落到树尖的高度。同时，在天气晴好的时候，它会再次找到另一个上升气流。通过在这些上升气流之间滑翔，它们一天可以前进数百英里，却只需要花费极少的体力。

为了寻找上升气流，一只猛禽可能要飞越相当大的区域。有经验的鸟会学着沿海岸线和在路面上寻找上升气流，这些地方的气温比周围略高几度，热空气就会上升。或者在悬崖和高楼周围寻找上升气流，这些地形可以让从四面吹来的风转为向上。气流是不可见的，但猛禽可以通过其他个体正在盘旋上升的状态而轻松地判断热气流或上升气流的精确位置。它们聚集成群并不是有意接近其他个体，而是去乘坐上升气流。在天气晴朗的上午，你会看到在一团上升气流中慢慢汇集了成百上千的猛禽。

关于猛禽迁徙的更多信息，参见71和218页。

Q 雁鹅为什么排成“V”形飞过？

A “V”形飞行有两个好处。第一是符合空气动力学规律。一只雁鹅在空中拍翼飞行的时候，它所形成的翼尖涡流会扰动空气。这种涡流会产生气流下洗，这会增加对翅膀的阻力，通常是不受欢迎的。但这种气流下洗同时还伴随一个气流上洗，能够帮助后面的和斜上方的个体飞行，为它们提供一些升力并减少阻力。也就是说，第二位的鸟不必如此费力地拍翼就能与头鸟保持同样的速度。

虽然跟随头鸟飞行的个体能够受益最大，但头鸟也因为后面有鸟跟随飞行而节省能量，它们帮助消除了上升气流。在一个较长的“V”形队伍中，最费力的位置是头鸟和将后面队伍拉起的两只鸟。因此，它们在飞行过程中经常变换位置。研究人员监测了鹈鹕飞行时的心跳，结果发现，列队飞行鹈鹕的心跳速率比单独飞行鹈鹕的心跳速率要低很多。

鸟类排成“V”形飞行的第二个原因与空军飞机一样，是为了与同伴保持更好的视觉交流。

Q 我路过农场的时候，经常会看到空中有一大群的鸣禽盘旋，像大块乌云似的。那是什么？它们为什么这么飞？它们是如何做到不互相撞到的呢？

A 你看到的是一群紫翅椋鸟，它们以这种神奇的飞行模式闻名于世。当它们形成这种奇妙的大群时，周围很可能有猛禽。猛禽不喜欢接近这种鸟群，部分原因是鸟群的前进方向完全不可预测，另一部分原因是群体中的鸟相互离得太近了，猛禽抓捕其中一只的时候，很可能与其他个体相撞。

这种鸟群里的鸟又是怎么避免相撞的呢？其原因仍然不完全清楚，但多亏了高速摄像技术能够让动作慢下来，我们可以借此了解其中一些原理。这些鸟似乎并不是根据最近的个体确定前进方向，而是关注离自己稍远一些的个体。类似球场上的球迷们通过观察远处的人群运动并预测自己的反应时机而产生“人浪”的方式，鸟群也据此产生了平滑的运动变化。鸟群中并没有哪个特定个体是首领，任何个体都可以改变运动方向，朝向鸟群中心倾斜，随后这一运动就会像海浪一样在鸟群中扩散开来。

附 录

· 鸟类学名
· 术语
· 资源

鸟类学名

中文名	英文名	分类名称
哀鸽	Mourning Dove	*Zenaida macroura*
艾草松鸡	Greater Sage-Grouse	*Centrocercus urophasianus*
安氏蜂鸟	Anna's Hummingbird	*Calypte anna*
暗冠蓝鸦	Steller's Jay	*Cyanocitta stelleri*
暗眼灯草鹀	Dark-eyed Junco	*Junco hyemalis*
白冠带鹀	White-crowned Sparrow	*Zonotrichia leucophrys*
白喉带鹀	White-throated Sparrow	*Zonotrichia albicollis*
白颊林莺	Blackpoll Warbler	*Dendroica striata*
白头海雕	Bald Eagle	*Haliaeetus leucocephalus*
白臀蜜雀	Apapane	*Himatione sanguinea*
白燕鸥	White Tern	*Gygis alba*
斑姬鹟	European Pied Flycatcher	*Ficedula hypoleuca*
斑头雁	Bar-headed Goose	*Anser indicus*
斑尾塍鹬	Bar-tailed Godwit	*Limosa lapponica*
北极海鹦	Atlantic Puffin	*Fratercula arctica*
北极燕鸥	Arctic Tern	*Sterna paradisaea*
北美	Western Grebe	*Aechmophorus occidentalis*
北美黑啄木鸟	Pileated Woodpecker	*Dryocopus pileatus*
北扑翅䴕	Northern Flicker	*Colaptes auratus*
北山雀	Boreal Chickadee	*Poecile hudsonica*
比氏苇鹪鹩	Bewick's Wren	*Thryomanes bewickii*
草原松鸡	Greater Prairie-Chicken	*Tympanuchus cupido*
叉尾王霸鹟	Fork-tailed Flycatcher	*Tyrannus savana*
长嘴沼泽鹪鹩	Marsh Wren	*Cistothorus palustris*
橙腹拟鹂	Baltimore Oriole	*Icterus galbula*
橙领娇鹟	Orange-collared Manakin	*Manacus aurantiacus*
橙胸林莺	Blackburnian Warbler	*Dendroica fusca*

中文名	英文名	分类名称
刺歌雀	Bobolink	*Dolichonyx oryzivorus*
丛鸦	Florida Scrub-Jay	*Aphelocoma coerulescens*
丛冢雉	Australian Brush-turkey	*Alectura lathami*
大冠蝇霸鹟	Great Crested Flycatcher	*Myiarchus crinitus*
大海雀	Great Auk	*Pinguinus impennis*
大黄头美洲鹫	Greater Yellow-headed Vulture	*Cathartes melambrotus*
大金丝燕	Black-nest Swiftlet	*Aerodramus maximus*
大蓝鹭	Great Blue Heron	*Ardea herodias*
笛鸻	Piping Plover	*Charadrius melodus*
帝企鹅	Emperor Penguin	*Aptenodytes forsteri*
靛彩鹀	Indigo Bunting	*Passerina cyanea*
东草地鹨	Eastern Meadowlark	*Sturnella magna*
东蓝鸲	Eastern Bluebird	*Sialia sialis*
东美角鸮	Eastern Screech-Owl	*Megascops asio*
东王霸鹟	Eastern Kingbird	*Tyrannus tyrannus*
渡鸦	Common Raven	*Corvus corax*
短嘴鸦	American Crow	*Corvus brachyrhynchos*
鹗	Osprey	*Pandion haliaetus*
非洲鸵鸟	Ostrich	*Struthio camelus*
歌带鹀	Song Sparrow	*Melospiza melodia*
冠蓝鸦	Blue Jay	*Cyanocitta cristata*
褐鹈鹕	Brown Pelican	*Pelecanus occidentalis*
褐头牛鹂	Brown-headed Cowbird	*Molothrus ater*
褐弯嘴嘲鸫	Brown Thrasher	*Toxostoma rufum*
黑背信天翁	Laysan Albatross	*Phoebastria immutabilis*
黑顶山雀	Black-capped Chickadee	*Poecile atricapillus*
黑腹军舰鸟	Great Frigatebird	*Fregata minor*
黑脚信天翁	Black-footed Albatross	*Phoebastria nigripes*
黑眉信天翁	Black-browed Albatross	*Thalassarche melanophris*

中文名	英文名	分类名称
黑美洲鹫	Black Vulture	*Coragyps atratus*
黑头白斑翅雀	Black-headed Grosbeak	*Pheucticus melanocephalus*
黑头鹮鹳	Wood Stork	*Mycteria americana*
黑头鸭	Black-headed Duck	*Heteronetta atricapilla*
黑纹背林莺	Kirtland's Warbler	*Dendroica kirtlandii*
黑雨燕	Black Swift	*Cypseloides niger*
横斑林鸮	Barred Owl	*Strix varia*
红翅黑鹂	Red-winged Blackbird	*Agelaius phoeniceus*
红顶娇鹟	Red-capped Manakin	*Pipra mentalis*
红腹滨鹬	Red Knot	*Calidris canutus*
红喉北蜂鸟	Ruby-throated Hummingbird	*Archilochus colubris*
红隼	Eurasian Kestrel	*Falco tinnunculus*
红头美洲鹫	Turkey Vulture	*Cathartes aura*
红头啄木鸟	Red-headed Woodpecker	*Melanerpes erythrocephalus*
红尾鵟	Red-tailed Hawk	*Buteo jamaicensis*
红尾鹲	Red-tailed Tropicbird	*Phaethon rubricauda*
胡兀鹫	Lammergeier	*Gypaetus barbatus*
虎皮鹦鹉	Budgerigar	*Melopsittacus undulatus*
环嘴鸥	Ring-billed Gull	*Larus delawarensis*
黄腹吸汁啄木鸟	Yellow-bellied Sapsucker	*Sphyrapicus varius*
黄昏锡嘴雀	Evening Grosbeak	*Coccothraustes vespertinus*
黄林莺	Yellow Warbler	*Dendroica petechia*
黄扑翅	Gilded Flicker	*Colaptes chrysoides*
黄蹼洋海燕	Wilson's Storm-Petrel	*Oceanites oceanicus*
黄腰林莺	Yellow-rumped Warbler	*Dendroica coronata*
灰斑鸠	Eurasian Collared-Dove	*Streptopelia decaocto*
灰背隼	Merlin	*Falco columbarius*
灰伯劳	Northern Shrike	*Lanius excubitor*
灰嘲鸫	Gray Catbird	*Dumetella carolinensis*
灰鹱	Sooty Shearwater	*Puffinus griseus*

中文名	英文名	分类名称
灰胸长尾霸鹟	Eastern Phoebe	*Sayornis phoebe*
灰噪鸦	Gray Jay	*Perisoreus canadensis*
加拿大黑雁	Canada Goose	*Branta canadensis*
加州神鹫	California Condor	*Gymnogyps californianus*
家麻雀	House Sparrow	*Passer domesticus*
家燕	Barn Swallow	*Hirundo rustica*
家朱雀	House Finch	*Carpodacus mexicanus*
尖尾松鸡	Sharp-tailed Grouse	*Tympanuchus phasianellus*
鹪鹩	Winter Wren	*Troglodytes troglodytes*
金雕	Golden Eagle	*Aquila chrysaetos*
金鸻	Pacific Golden-Plover	*Pluvialis fulva*
巨翅鵟	Broad-winged Hawk	*Buteo platypterus*
卡罗苇鹪鹩	Carolina Wren	*Thryothorus ludovicianus*
库氏鹰	Cooper’s Hawk	*Accipiter cooperii*
蓝翅黄森莺	Prothonotary Warbler	*Protonotaria citrea*
蓝脚鲣鸟	Blue-footed Booby	*Sula nebouxii*
栗颊林莺	Cape May Warbler	*Dendroica tigrina*
镰嘴管舌雀	Iiwi	*Vestiaria coccinea*
林鸳鸯	Wood Duck	*Aix sponsa*
旅鸫	American Robin	*Turdus migratorius*
绿头鸭	Mallard	*Anas platyrhynchos*
绿啄木鸟	Green Woodpecker	*Picus viridis*
玫胸白斑翅雀	Rose-breasted Grosbeak	*Pheucticus ludovicianus*
梅花翅娇鹟	Club-winged Manakin	*Machaeropterus deliciosus*
美洲白鹮	White Ibis	*Eudocimus albus*
美洲雕鸮	Great Horned Owl	*Bubo virginianus*
美洲凤头山雀	Tufted Titmouse	*Baeolophus bicolor*
美洲河乌	American Dipper	*Cinclus mexicanus*
美洲鹤	Whooping Crane	*Grus americana*
美洲娇鹟	White-collared Manakin	*Manacus candei*

中文名	英文名	分类名称
美洲金翅雀	American Goldfinch	*Carduelis tristis*
美洲绿鹭	Green Heron	*Butorides virescens*
美洲麻鳽	American Bittern	*Botaurus lentiginosus*
美洲沙锥	Wilson's Snipe	*Gallinago delicata*
美洲隼	American Kestrel	*Falco sparverius*
美洲鹈鹕	American White Pelican	*Pelecanus erythrorhynchos*
美洲燕	Cliff Swallow	*Petrochelidon pyrrhonota*
美洲夜鹰	Common Nighthawk	*Chordeiles minor*
披肩榛鸡	Ruffed Grouse	*Bonasa umbellus*
漂泊信天翁	Wandering Albatross	*Diomedea exulans*
普通潜鸟	Common Loon	*Gavia immer*
丘鹬	Eurasian Woodcock	*Scolopax rusticola*
鹊鸭	Common Goldeneye	*Bucephala clangula*
绒啄木鸟	Downy Woodpecker	*Picoides pubescens*
三声夜鹰	Whip-poor-will	*Caprimulgus vociferus*
沙丘鹤	Sandhill Crane	*Grus canadensis*
食虫莺	Worm-eating Warbler	*Helmitheros vermivorum*
食螺鸢	Snail Kite	*Rostrhamus sociabilis*
双领鸻	Killdeer	*Charadrius vociferus*
双色树燕	Tree Swallow	*Tachycineta bicolor*
斯氏鵟	Swainson's Hawk	*Buteo swainsoni*
松莺	Pine Warbler	*Dendroica pinus*
庭园林莺	Garden Warbler	*Sylvia borin*
纹腹鹰	Sharp-shinned Hawk	*Accipiter striatus*
乌蓝镰翅鸡	Sooty Grouse	*Dendragapus fuliginosus*
乌林鸮	Great Gray Owl	*Strix nebulosa*
乌燕鸥	Sooty Tern	*Onychoprion fuscatus*
西丛鸦	Western Scrub-Jay	*Aphelocoma californica*
橡树啄木鸟	Acorn Woodpecker	*Melanerpes formicivorus*
小草原松鸡	Lesser Prairie-Chicken	*Tympanuchus pallidicinctus*

中文名	英文名	分类名称
小嘲鸫	Northern Mockingbird	*Mimus polyglottos*
小黄头美洲鹫	Lesser Yellow-headed Vulture	*Cathartes burrovianus*
小丘鹬	American Woodcock	*Scolopax minor*
新喀鸦	New Caledonian Crow	*Corvus moneduloides*
星蜂鸟	Calliope Hummingbird	*Stellula calliope*
猩红丽唐纳雀	Scarlet Tanager	*Piranga olivacea*
雪松太平鸟	Cedar Waxwing	*Bombycilla cedrorum*
雪鸮	Snowy Owl	*Bubo scandiacus*
雪雁	Snow Geese	*Chen caerulescens*
燕雀	Brambling	*Fringilla montifringilla*
夜鹭	Black-crowned Night-Heron	*Nycticorax nycticorax*
莺鹪鹩	House Wren	*Troglodytes aedon*
油鸱	Oilbird	*Steatornis caripensis*
游隼	Peregrine Falcon	*Falco peregrinus*
杂色鸫	Varied Thrush	*Ixoreus naevius*
沼泽带鹀	Swamp Sparrow	*Melospiza georgiana*
侏儒鳾	Pygmy Nuthatch	*Sitta pygmaea*
主红雀	Northern Cardinal	*Cardinalis cardinalis*
爪哇金丝燕	Edible-nest Swiftlet	*Aerodramus fuciphagus*
紫翅椋鸟	European Starling	*Sturnus vulgaris*
紫崖燕	Purple Martin	*Progne subis*
棕顶雀鹀	Chipping Sparrow	*Spizella passerina*
棕煌蜂鸟	Rufous Hummingbird	*Selasphorus rufus*
棕林鸫	Wood Thrush	*Hylocichla mustelina*
棕榈鬼鸮	Northern Saw-whet Owl	*Aegolius acadicus*
走鹃	Greater Roadrunner	*Geococcyx californianus*

术 语

蚁浴行为（anting behavior）：用蚂蚁摩擦羽毛，或者坐在蚁巢上让蚂蚁从羽毛中爬过。蚂蚁体表覆盖一层称为蚁酸（甲酸 formic acid）的苦味化学物质，能够帮助鸟类预防螨虫和虱子。还有报道称，鸟类有利用樟脑球、烟头和洋葱等物进行沐浴的行为。

纵横比（aspect ratio）：翅膀的长度和宽度之比，决定了鸟类飞行的方式。具有较高的纵横比（长而窄的翅膀）的鸟能够高速低空飞行，并具有极强的机动性。而较低的纵横比（宽型翅）则适合低速、高空且省力的飞行。任意极限纵横比的翅膀都能使鸟类从地面起飞时避免逆风的困难。

南迁鸟（austral migrant）：在南半球繁殖并在当地冬季向北迁徙的鸟。

巢寄生（brood parasites）：不筑巢也不亲自抚育雏鸟，而是将卵产在寄主巢中的鸟。

孵卵斑（brood patch）：鸟类胸部或腹部的裸露区域，在孵卵时向卵提供热量。

泄殖腔（cloaca）：动物的消化系统（肠）、泌尿系统（输尿管）和生殖系统末端汇合开口的空腔。

正羽（contour feathers）：鸟类体表最外层用来防水、防风和保持流线体型的羽毛。

回鸣（countersinging）：相邻的鸟回应对方的鸣叫。

迷惑展示（distraction display）：发出低沉的叫声并耷拉翅膀假装受伤，将捕食者引离巢穴。

昼间迁徙鸟类（diurnal migrants）：日间迁徙的鸟。

绒羽（down feathers）：鸟类身体内层的羽毛，能够保留空气隔绝低温，帮助维持鸟类体温。

广适型鸟（generalists）：能够从多种生境中获取所有必需资源的鸟种。

砂囊（gizzard）：胃部肌肉质的囊，用来碾碎食物。

鸟粪（guano）：鸟类尤其是海鸟的粪便和尿液等排泄物，含有大量尿酸，被收集作为富含氮磷的肥料。

先天行为（innate behavior），又称为本能行为（instinctive behavior）：鸟类在特

定情况下，不需要学习或尝试就可以表现出的行为。

不定数产卵鸟（indeterminate layer）：如果鸟卵被依次移走，就会在一段时间内不停产下更多卵的鸟。

食虫鸟（insectivores）：主要以昆虫为食的鸟。

等温线（isotherm）：气候图上可见的平均温度为某特定值的线。

鹰漩（Kettle）：一群盘旋的鹰类形成的漩涡，数量从几只到数千只不等。

泪腺（lacrimal grand）：瞬膜基部的一种腺体，在眨眼时分泌大量润滑液。

求偶场（lek）：雄性鸟类聚集在一起炫耀展示、吸引雌性的区域。

迁徙方向（migrational orientation）：迁徙过程中选择一个方向并沿此方向前进。

模仿鸟（mimids）：嘲鸫科（mockingbird family）鸟，包括嘲鸫（thrashers）和猫鹊（catbirds）等。

新热带迁徙鸟（neotropical migrants）：在加勒比海或中南美洲越冬，而在北美洲温带繁殖的鸟。

瞬膜（nictitating membrane）：鸟类半透明的内眼睑，保护眼睛并保持眼睛湿润。

食团（owl pellets）：猫头鹰食物中的骨头、毛发、牙齿和其他无法消化的东西会形成紧实的小球，最终被其吐出体外。

栖息反射（perching reflex）：鸟类休息时的一种机制，小腿肌腱拉伸自动牵引足趾弯曲抓牢树枝，将鸟体固定在树上。

腺胃（proventriculus）：胃部富含腺体的腔室，食物在此处被强力的胃酸分解。

嘴须（rictal bristles）：一些食虫鸟喙部周围的特殊羽毛，具有触觉功能，有时还可帮助将昆虫拢入口中。

空击（shawdow boxing）：非技术术语，指鸟类与玻璃或镜子中自己的映像打斗。

社会性单配制（socially monogamous）：鸟类雌雄成对地防御敌人并抚养后代，但有时也可能与其他个体交配。

特化型鸟（specialists）：有特定栖息地、筑巢和食物需求的鸟。

鸣管（syrinx）：鸟类的发声器官，位于气管与支气管交界处。支气管和肌肉构造使得许多鸟可以发出和声。

管鼻类（tubenose）：指信天翁等一些海鸟上喙管状结构基部的大型腺体，能够分泌盐分。

半球慢波睡眠（unihemispheric slow-wave sleep）：大脑一个半球处于睡眠而另一个半球处于清醒的一种状态。

尾脂腺（uropygial gland）：位于鸟类尾基部的腺体，分泌的油脂可以帮助鸟类保持羽毛光洁。

羽片（vanes）：羽毛侧面勾连在一起的片状结构。

伍斯特体（Wulst）：也称视丘，鸟类脑部的一片区域，能够获取来自双眼的信息并产生立体视觉。

迁徙兴奋（Zugunruhe）：因日照长短和/或太阳角度变化而产生焦躁不安的迁徙欲望。包括在人工环境下孵化饲养的个体在内，几乎所有的迁徙物种都表现出这种焦躁。

资 源

关于鸟类的一切

该网站是由康奈尔鸟类学实验室创建的线上资源，汇集了每一种北美洲鸟类的丰富信息，包括图片和鸟鸣录音。

www.allaboutbirds.org

北美鸟类在线

该网站由康奈尔鸟类学实验室和美国鸟类学者联盟共同创建，汇集了关于北美洲每一种繁殖鸟类深入的调查信息，以及相关的扩展文献。

www.bna.birds.cornell.edu

野外手册

Dunn, Jon L., and Jonathan Alderfer. *National Geographic Field Guide to the Birds of North America*, Fifth edition. Washington, D.C.: National Geographic Society, 2006.

Kaufman, Kenn. *Kaufman Field Guide to Birds of North America*. Boston: Houghton Mifflin, 2000.

Peterson, Roger Tory. *A Field Guide to the Birds of Eastern and Central America*. Boston: Houghton Mifflin, 2002.

Peterson, Roger Tory. *A Field Guide to Western Birds*. Boston: Houghton Mifflin, 1998.

Sibley, David Allen. *The Sibley Guide to Birds*. New York: Knopf, 2000.

学习和理解鸟类的鸣声

这些书的内容包含了鸟类如何鸣唱、为何鸣唱的丰富信息，每本书都附带CD光盘。

Elliott, Lang. *Music of the Birds: A Celebration of Bird Song*. Boston: Houghton Mifflin, 1999.

Kroodsma, Don. *The Singing Life of Birds*. Boston: Houghton Mifflin, 2005.

Colver, Kevin, and L. Elliott. *Know Your Bird Sounds: Common Western Species*. Mechanicsburg, Penn.: Stackpole, 2008.

Elliott, Lang. *Know Your Bird Sounds, Volume 1: Yard, Garden, and City Birds*. Mechanicsburg, Penn.: Stackpole, 2004.

Ellott, Lang. *Know Your Bird Sounds, Volume 2: Birds of the Countryside*. Mechanicsburg, Penn.: Stackpole, 2004.

以下的CD集都是我们学习辨识鸟类鸣声的入门参考资料。

Walton, Richard K., and R. Lawson. *Birding by Ear: Eastern and Central North America*. Boston: Houghton Mifflin, 2002.

Walton, Richard K., and R. Lawson. *Birding by Ear: Western North America*. Boston:

Houghton Mifflin, 1999.
Walton, Richard K., and R. Lawson. *More Birding by Ear: Eastern and Central North America.* Boston: Houghton Mifflin, 2000.

推荐阅读

Chu, Miyoko. *Songbird Journeys: Four Seasons in the Lives of Migratory Birds.* New York: Walker & Company, 2007.

Cornell Lab of Ornithology. *Handbook of Bird Biology.* Princeton, N.J.: Princeton University Press, 2004.

Erickson, Laura. *101 Ways to Help Birds.* Mechanicsburg, Penn.: Stackpole, 2006.

Kaufman, Kenn. *Lives of North American Birds.* Boston: Houghton Mifflin, 2001.

Kaufman, Kenn. *Kingbird Highway: The Biggest Year in the Life of an Extreme Birder.* Boston: Houghton Mifflin, 2006.

Kress, Stephen W. *The Audubon Society Guide to Attracting Birds: Creating Natural Habitats for Properties Large and Small*, Second edition. Ithaca, N.Y.: Cornell University Press, 2006.

Weidensaul, Scott. *Living on the Wind: Across the Hemisphere with Migratory Birds.* New York New York: North Point Press, 2000.

分享你的观鸟记录

eBird

该网站是一个庞大的线上资源库，汇集了北美及世界各地的观鸟记录，它能使个人的观鸟记录在了解鸟类、迁徙和保护等问题中发挥更大的作用，让观鸟不仅仅停留在爱好者的个人兴趣层面。

www.ebird.edu

喂食器观察项目

这个网站涉及对于北美洲访问喂食器的鸟类的持续整个冬季的观测，帮助科学家们追踪冬季鸟类种群的大范围活动，研究鸟类分布和数量的长期变化趋势。

www.birds.cornell.edu/pfw

鸟巢观测

该网站旨在提供一个统一的鸟巢监测方案，用来追踪所有北美洲繁殖鸟类的繁殖成功率：民间观鸟高手将他们的鸟巢记录提交到“鸟巢观测”的线上数据库中，与其他参与者的记录汇总形成整个大陆的数据，以便更好地了解和处理环境变化对鸟类种群的影响。

www.nestwatch.org

“圣诞节鸟口调查”

“圣诞节鸟口调查”是一项历史悠久的野生鸟类调查监测项目，由奥杜邦协会资助，每年的观测期从12月中旬持续到次年1月上旬，调查数据可以揭示初冬时的全美鸟类种群概况，用于评估鸟类种群的健康程度。

www.audubon.org/bird/cbc

“后院观鸟大行动”

“后院观鸟大行动”项目在每年的仲冬，为期四天，汇集了全美洲鸟友们在自家后院观测到的鸟类数量情况，形成了仲冬时节鸟类在整个大陆分布的实时状况。观测活动通常是在北部鸟类大批迁入北美人口密集地区的时节进行，由康奈尔鸟类学实验室和奥杜邦协会资助。

www.birdsource.org/gbbc

博物文库

博物学经典丛书

1. 雷杜德手绘花卉图谱	〔比利时〕雷杜德 著 / 绘
2. 玛蒂尔达手绘木本植物	〔英〕玛蒂尔达 著 / 绘
3. 果色花香——圣伊莱尔手绘花果图志	〔法〕圣伊莱尔 著 / 绘
4. 休伊森手绘蝶类图谱	〔英〕威廉·休伊森 著 / 绘
5. 布洛赫手绘鱼类图谱	〔德〕马库斯·布洛赫 著
6. 自然界的艺术形态	〔德〕恩斯特·海克尔 著
7. 天堂飞鸟——古尔德手绘鸟类图谱	〔英〕约翰·古尔德 著 / 绘
8. 鳞甲有灵——西方经典手绘爬行动物	〔法〕杜梅里 〔奥地利〕费卿格 / 绘
9. 手绘喜马拉雅植物	〔英〕约瑟夫·胡克 著 〔英〕沃尔特·菲奇绘
10. 飞鸟记	〔瑞士〕欧仁·朗贝尔
11. 寻芳天堂鸟	〔法〕弗朗索瓦·勒瓦扬 〔英〕约翰·古尔德 〔英〕阿尔弗雷德·华莱士 著
12. 狼图绘：西方博物学家笔下的狼	〔法〕布丰 〔英〕约翰·奥杜邦 〔英〕约翰·古尔德 等
13. 缤纷彩鸽——德国手绘经典	〔德〕埃米尔·沙赫特察贝 著； 舍讷 绘

博物画临摹与创作

1. 异域珍羽——古尔德经典手绘巨嘴鸟	〔英〕古尔德
2. 雷杜德手绘花卉图谱：临摹与涂色	〔比利时〕雷杜德
3. 玛蒂尔达手绘木本植物：临摹与涂色	〔英〕玛蒂尔达
4. 古尔德手绘喜马拉雅珍稀鸟类：临摹与涂色	〔英〕古尔德
5. 西方手绘珍稀驯化鸽：临摹与涂色	〔德〕里希特等
6. 古尔德手绘巨嘴鸟高清大图：装裱册页与临摹范本	〔英〕古尔德
7. 古尔德手绘极乐鸟高清大图：装裱册页与临摹范本	〔英〕古尔德
8. 古尔德手绘鹦鹉高清大图：装裱册页与临摹范本	〔英〕古尔德

9. 艾略特手绘极乐鸟高清大图：装裱册页与临摹范本 〔美〕丹尼尔·艾略特
10. 梅里安手绘昆虫高清大图：装裱册页与临摹范本 〔德〕玛利亚·梅里安
11. 古尔德手绘雉科鸟类高清大图：装裱册页与临摹范本 〔英〕古尔德
12. 利尔手绘鹦鹉高清大图：装裱册页与临摹范本 〔英〕爱德华·利尔

生态与文明系列

1. 世界上最老最老的生命 〔美〕蕾切尔·萨斯曼 著
2. 日益寂静的大自然 〔德〕马歇尔·罗比森 著
3. 大地的窗口 〔英〕珍·古道尔 著
4. 亚马逊河上的非凡之旅 〔美〕保罗·罗索利 著
5. 生命探究的伟大史诗 〔美〕罗布·邓恩 著
6. 食之养：果蔬的博物学 〔美〕乔·罗宾逊 著
7. 人类的表亲 〔法〕让-雅克·彼得 著 〔法〕弗朗索瓦·德博尔德 著
8. 土壤的救赎 〔美〕克莉斯汀·奥尔森 著
9. 十万年后的地球：暖化的真相 〔美〕寇特·史塔格 著
10. 看不见的大自然 〔美〕大卫·蒙哥马利 著 〔美〕安妮·比克莱 著
11. 种子与人类文明 〔英〕彼得·汤普森 著
12. 感官的魔力 〔美〕大卫·阿布拉姆 著
13. 我们的身体，想念野性的大自然 〔美〕大卫·阿布拉姆 著
14. 狼与人类文明 〔美〕巴里·H. 洛佩斯 著

自然博物馆系列

1. 蘑菇博物馆 〔英〕彼得·罗伯茨 著 〔英〕谢利·埃文斯 著
2. 贝壳博物馆 〔美〕M. G. 哈拉塞维奇 著 〔美〕法比奥·莫尔兹索恩 著
3. 蛙类博物馆 〔英〕蒂姆·哈利迪 著
4. 兰花博物馆 〔英〕马克·切斯 著 〔荷〕马尔滕·克里斯滕许斯 著 〔美〕汤姆·米伦达 著
5. 甲虫博物馆 〔加拿大〕帕特里斯·布沙尔 著
6. 病毒博物馆 〔美〕玛丽莲·鲁辛克 著
7. 树叶博物馆 〔英〕艾伦·J. 库姆斯 著 〔匈牙利〕若尔特·德布雷齐 著
8. 鸟卵博物馆 〔美〕马克·E. 豪伯 著
9. 毛虫博物馆 〔美〕戴维·G. 詹姆斯 著
10. 蛇类博物馆 〔英〕马克·O. 希亚 著
11. 种子博物馆 〔英〕保罗·史密斯 著